肉牛养殖技术手册

ROUNIU YANGZHI JISHU SHOUCE

呼和浩特市农畜产品质量安全中心　编

中国农业科学技术出版社

图书在版编目(CIP)数据

肉牛养殖技术手册 / 呼和浩特市农畜产品质量安全中心编 . --北京：中国农业科学技术出版社，2025. 5.

ISBN 978-7-5116-7420-3

Ⅰ. S823. 9-62

中国国家版本馆 CIP 数据核字第 20250A9H66 号

责任编辑 崔改泵
责任校对 李向荣
责任印制 姜义伟　王思文

出 版 者 中国农业科学技术出版社
北京市中关村南大街 12 号　　邮编：100081
电　　话 (010) 82109194 (编辑室)　　(010) 82109702 (发行部)
(010) 82109709 (读者服务部)
网　　址 http://www.castp.cn
经 销 者 各地新华书店
印 刷 者 北京建宏印刷有限公司
开　　本 148 mm×210 mm　1/32
印　　张 7. 75
字　　数 215 千字
版　　次 2025 年 5 月第 1 版　2025 年 5 月第 1 次印刷
定　　价 58. 00 元

编审委员会

主　　任：李志伟

副 主 任：梅　花

委　　员：田志国　奇宝力格　王学峰　赵妤佳

阿　仑　刘江河

编 委 会

总 主 编：武宇威

技术主编：金彩霞　王建华　王春玲　贾永佳　陈莹　李长胜　王丽霞　张丽平　张俭　王利平　刘林林　李计强　巴特尔　杨凯　李桂英　刘春艳　国策　王芳　周勇　黄伟

主　　编：田志国　张金文　姚巧玲　刘彦飞

副 主 编：万玉萌　李志俊　武霞霞　罗丽　贺志勋　成柏宜　孟凡钢　张筱筱　丁红梅　李刚　白洁琼　王健风　李旭东　李红霞　石振平　王芳芳　卢子玉　白音宝力高　于海东

编写人员：蒙美丽　陈飞　徐英　张瑞娥　高新发　栗瑞红　周渊　韩引刚　刘宾　娜仁　成曼榕　冯凝　郝贵宾　许大伟　崔丽光　薛瑞军　张明亮　高一平　田栋　赵媛　葛智　韩磊　赵亮　云赛恒　郭彦雷　罗洪琴　曹秀莲　韩婷婷　胡峰　赵淑芳　岳晓飞　李婕　梁光远　松杰　李彩霞　索俊义　贾楠　周全利　闫瑞清　刘翠红　乌恩萍　黄莎娜　阿荣　姜涛　王荣　侯利刚　杨霖　王小军　刘福泉　毕智君　刘彬　王慧峰　岳海峰　云耀　邬瑞霞　刘才国　白旭　田树国

前　言

近年来，肉牛养殖已成为呼和浩特市农业经济发展的支柱产业，为了进一步加快畜牧业发展，呼和浩特市政府把加快肉牛产业高质量发展作为调整农村经济结构、促进农民增收的战略任务来抓，通过政策引导、项目扶持等措施，使肉牛养殖得到长足发展。

呼和浩特市农牧局在2021年承担了农业重大技术协同推广项目“肉牛种子培育全程关键技术体系创新示范推广”，为了使项目的科技成果、肉牛养殖技术、肉牛养殖疫病防控和临床用药治疗、绿色养殖技术及产品品牌发展在全市推广和普及，进一步提升基层畜牧技术推广人员服务能力和养殖者劳动技能，同时带动示范县周边地区肉牛养殖快速发展，我们编写了《肉牛养殖技术手册》一书。该书以问答的形式，讲解了养殖户在日常饲养过程中遇到的难题，对提高农技推广人员和肉牛养殖户科学饲养水平具有十分重要的意义，同时能对肉牛品质提升发挥指导作用。书中兽药使用方法仅供参考，具体用法和用量应按兽医处方。由于编者水平有限，书中难免有疏漏与错误之处，望广大读者批评指正。

编　者

2025年3月

前言

目　　录

第一章　国外和国内常见肉牛品种与基本特征 …………………… 1
1. 世界上著名的肉牛品种有哪些？ …………………………… 3
2. 西门塔尔牛有什么特点？ …………………………………… 3
3. 安格斯牛有什么特点？ ……………………………………… 4
4. 海福特牛有什么特点？ ……………………………………… 6
5. 夏洛莱牛有什么特点？ ……………………………………… 7
6. 利木赞牛有什么特点？ ……………………………………… 8
7. 蒙古牛有什么特点？ ………………………………………… 10
8. 草原红牛有什么特点？ ……………………………………… 11
9. 鲁西黄牛有什么特点？ ……………………………………… 12
第二章　肉牛饲料的加工与调制 ……………………………………… 15
10. 什么是青绿饲料，有什么特点？ ………………………… 17
11. 青绿饲料使用注意事项有哪些？ ………………………… 18
12. 青绿饲料的收割重点是什么？ …………………………… 18
13. 制作青贮饲料应该掌握什么条件？ ……………………… 19
14. 制作青贮的设施有哪些？ ………………………………… 20
15. 怎样制作青贮饲料？ ……………………………………… 23
16. 青干草怎样进行加工调制？ ……………………………… 23
17. 秸秆类饲料怎样加工调制？ ……………………………… 25
18. 能量饲料怎样加工？ ……………………………………… 27
19. 蛋白质饲料怎样加工？ …………………………………… 29
20. 什么是矿物质饲料？ ……………………………………… 30

21. 什么是饲料添加剂? …… 31
第三章 肉牛营养需要和日粮配合 …… 33
22. 肉牛营养需要主要分为哪些类型? …… 35
23. 肉牛营养需要都有哪些来源? …… 35
24. 什么是能量需要? …… 35
25. 什么是蛋白质的需要? …… 36
26. 什么是矿物质的需要? …… 36
27. 什么是维生素的需要? …… 37
28. 肉牛生产中对水的需要应该注意什么? …… 37
29. 如何准确选择饲养标准? …… 37
30. 粗饲料对肉牛有哪些重要意义? …… 38
31. 为什么肉牛日粮中必须要添加精饲料? …… 38
32. 日粮中钙磷等矿物质元素为什么是必不可少的? …… 38
33. 为什么非蛋白氮能降低饲养成本? …… 38
第四章 肉牛的繁殖技术 …… 39
34. 什么是牛的初情期与性成熟? …… 41
35. 肉牛体成熟与适配年龄的时间是什么时候? …… 41
36. 肉牛繁殖机能停止期是什么时候? …… 42
37. 提高肉牛繁殖能力的技术措施有哪些? …… 42
38. 牛的人工授精有什么意义? …… 45
39. 胚胎移植技术的方法和好处 …… 45
40. 什么是胚胎分割技术? …… 45
41. 体外受精技术的意义 …… 46
42. 传统的肉牛繁殖方式有哪些缺陷? …… 46
43. 现代肉牛繁殖技术及发展方向有哪些? …… 47
44. 开展人工授精与冷冻精液技术的好处有哪些? …… 47
45. 什么是同期发情技术以及其对肉牛养殖的意义? …… 48
46. 超数排卵和胚胎移植技术在肉牛生产中的使用和意义有哪些? …… 49

47. 胚胎切割与冷冻技术在肉牛生产中的使用和意义有哪些? …… 50
48. 体外培养和体外受精在肉牛生产中的使用和意义有哪些? …… 50
49. 性别鉴定与性别控制在肉牛生产中的使用和意义有哪些? …… 51
50. 人工诱导双胎技术在肉牛生产中的意义有哪些? …… 51
51. 牛的体细胞克隆技术在肉牛生产中的应用和意义有哪些? …… 52
52. 干细胞与性细胞诱导技术在肉牛生产中的应用和意义有哪些? …… 52
53. 现代肉牛繁殖技术（胚胎生物技术）在未来肉牛生产中会怎样? …… 53
54. 肉牛养殖场建立养殖档案有何意义? …… 54
55. 如何建立养殖场的养殖档案? …… 54
56. 常用的养殖档案有哪些? …… 54
57. 建立肉牛系谱档案有何意义? …… 55
第五章 不同时期肉牛饲养管理 …… 57
58. 肉牛育肥的目的是什么? 育肥时需要注意哪些问题? …… 59
59. 一般情况下从哪些方面提高肉牛饲养水平? …… 59
60. 如何加强肉牛舍饲期间的管理? …… 59
61. 为什么要注重肉牛围产期的饲养管理? …… 60
62. 肉牛围产期生理特点主要有哪些? …… 60
63. 围产前期的饲喂需要注意哪些问题? …… 62
64. 围产前期母牛管理应该注意什么? …… 62
65. 围产后期的饲喂需要注意哪些问题? …… 62
66. 围产后期母牛管理应该注意什么? …… 63
67. 新生犊牛应该如何进行护理? …… 63
68. 犊牛有哪些独特的生理特点? …… 64

69. 初生期犊牛该如何饲养？ …… 64
70. 哺乳期犊牛该如何饲养？ …… 64
71. 犊牛早期补饲需要注意哪些问题？ …… 65
72. 犊牛出生后的饲养管理应该注意哪些问题？ …… 66
73. 犊牛生长环境卫生应该怎样管理？ …… 66
74. 犊牛饲喂初乳应该注意什么？ …… 67
75. 犊牛断奶期间如何进行管理？ …… 67
76. 犊牛断奶后如何进行管理？ …… 68
77. 什么是育成牛？ …… 68
78. 育成牛的饲养要点有哪些？ …… 69
79. 育成牛的管理要点有哪些？ …… 69
80. 种牛饲养管理应该注意什么？ …… 70
81. 育肥期避免牛剧烈活动的意义是什么？ …… 70
82. 如何确保肉牛身体健康以达到更好的育肥效果？ …… 71
83. 育肥期怎样确保肉牛规范饲养？ …… 71
84. 如何合理搭配肉牛育肥期的饲料？ …… 71
85. 肉牛育肥期干拌料和湿拌料应该如何搭配？ …… 72
86. 肉牛育肥期合理的投料方法是怎样的？ …… 72
87. 肉牛育肥期确保饮水的意义和方法？ …… 73
88. 肉牛育肥期饲料更换应该注意什么？ …… 73
89. 肉牛及时出栏的意义和方法？ …… 73
90. 肉牛育肥过渡阶段需要注意哪些问题？ …… 74
91. 为什么育肥前要进行驱虫工作？ …… 74
92. 肉牛育肥前期需要注意哪些问题？ …… 74
93. 肉牛育肥中期需要注意哪些问题？ …… 75
94. 肉牛育肥后期需要注意哪些问题？ …… 75
95. 育肥牛为什么要分群饲养？怎样分群？ …… 75
96. 适量运动对育肥牛有什么好处？ …… 76
97. 如何确保牛舍卫生以达到良好的育肥效果？ …… 76

98. 育肥牛疾病预防的意义是什么？ …… 76
99. 肉牛泌乳期应该注意哪些问题？ …… 77
100. 泌乳早期需要注意什么？ …… 77
101. 泌乳早期营养搭配需要注意什么？ …… 77
102. 泌乳早期应该如何饲喂？ …… 78
103. 泌乳中期需要注意什么？ …… 78
104. 泌乳后期需要注意什么？ …… 79
105. 哺乳期母牛的饲养管理注意事项有哪些？ …… 79
第六章　肉牛场消毒技术 …… 81
106. 肉牛养殖场常见消毒方法有哪些？ …… 83
107. 肉牛养殖场消毒时间怎样确定？ …… 90
108. 常用的消毒药品有哪些？ …… 90
109. 氢氧化钠如何消毒？ …… 90
110. 生石灰如何消毒？ …… 91
111. 醋酸如何消毒？ …… 92
112. 含氯消毒剂如何消毒？ …… 92
113. 二氧化氯如何消毒？ …… 93
114. 甲醛溶液如何消毒？ …… 93
115. 过氧化物类消毒剂如何消毒？ …… 94
第七章　肉牛养殖场的安全生产 …… 107
116. 日常消毒应注意什么？ …… 109
117. 消毒剂中毒怎样处理？ …… 109
118. 养殖场安全生产应注意哪些事项？ …… 111
119. 饲草饲料储存饲喂应注意什么？ …… 112
120. 机械设备存在哪些安全隐患？ …… 112
121. 生物资产存在哪些安全隐患？ …… 112
122. 常见消防安全隐患有哪些？ …… 113
123. 安全隐患存在的原因有哪些？ …… 113
124. 安全隐患防范有何措施？ …… 114

第八章　粪污及病死畜无害化处理技术 …… 115
125. 肉牛场粪便如何处理？ …… 117
126. 什么是病死及病害动物无害化处理？ …… 119
127. 无害化处理有哪些方法？ …… 122
128. 焚烧法如何操作？ …… 122
129. 化制法如何操作？ …… 123
130. 深埋法如何操作？ …… 125
第九章　肉牛正常的生理指标及相关诊疗法 …… 127
131. 牛生理常数各是多少？ …… 129
132. 牛血液生理常数及各类白细胞的比例是多少？ …… 129
133. 牛临床检查基本方法有哪些？分别如何进行？ …… 129
134. 牛外部给药如何操作？ …… 132
135. 牛经口投药如何操作？ …… 132
136. 牛注射给药如何操作？ …… 133
第十章　临床常用兽药 …… 135
137. 抗生素有何作用？如何进行分类？ …… 137
138. 常见青霉素类抗生素有哪些？ …… 137
139. 常见四环素类抗生素有哪些？ …… 138
140. 常见头孢菌素类抗生素有哪些？ …… 141
141. 常见氨基苷类抗生素有哪些？ …… 141
142. 常见磺胺类药物有哪些？ …… 142
143. 抗寄生虫药的种类有哪些？ …… 143
144. 常用驱线虫药有哪些？ …… 143
145. 常见驱吸虫药有哪些？ …… 145
146. 常见驱绦虫药有哪些？ …… 146
147. 常见抗血吸虫药有哪些？ …… 146
148. 常见抗原虫药有哪些？ …… 147
149. 常见杀虫药有哪些？ …… 148
150. 常见镇咳药有哪些？ …… 149

151. 常见平喘药有哪些？…… 149
152. 常见祛痰药有哪些？…… 150
153. 用于消化系统的药物有哪几类？…… 150
154. 常见健胃药与助消化药有哪些？…… 151
155. 常见瘤胃兴奋药有哪些？…… 152
156. 常见止泻药有哪些？…… 153
157. 常见泻药有哪些？…… 154
158. 主要用于皮肤和黏膜消毒、防腐的药物有哪些？…… 155
159. 主要用于厩舍和用具消毒的药物有哪些？…… 156
第十一章　免疫接种技术 …… 157
160. 疫苗的种类有哪些？…… 159
161. 活疫苗的特点和优缺点有哪些？…… 159
162. 灭活疫苗的特点和优缺点有哪些？…… 160
163. 类毒素有什么特点？…… 160
164. 多价苗与联苗有什么特点？…… 160
165. 疫苗如何安全运输？…… 161
166. 疫苗如何安全保管？…… 161
167. 预防接种前需要准备哪些器械和材料？…… 162
168. 接种前如何进行免疫器械消毒？…… 163
169. 接种前进行疫苗检查需要注意哪些问题？…… 164
170. 疫苗如何进行稀释？…… 164
171. 疫苗接种的肌内注射法如何操作？…… 165
172. 疫苗接种的皮下注射法如何操作？…… 165
173. 疫苗接种的皮内注射法如何操作？…… 166
174. 疫苗接种的滴鼻点眼法如何操作？…… 166
175. 疫苗接种的气雾免疫法如何操作？…… 166
176. 疫苗接种的刺种法如何操作？…… 167
177. 疫苗接种的饮水免疫法如何操作？…… 167
178. 如何判断免疫接种后动物的各种反应？…… 167

179. 如何处理动物免疫接种后的不良反应？…… 168
180. 如何预防不良免疫反应？…… 168
181. 口蹄疫如何免疫接种？…… 169
182. 布鲁氏菌病如何免疫接种？…… 169
183. 牛结节性皮肤病如何免疫接种？…… 170
184. 动物炭疽病如何免疫接种？…… 170
185. 如何进行牛颈静脉采血？…… 171
186. 如何进行牛尾静脉采血？…… 171
187. 牛瘟如何防治？…… 171
188. 牛海绵状脑病如何预防？…… 173
189. 牛传染性鼻气管炎如何防治？…… 174
190. 巴氏杆菌病如何预防？…… 175
191. 结核病如何预防？…… 177
第十二章　绿色食品肉牛养殖 …… 181
192. 绿色食品认证的基础知识有哪些？…… 183
193. 绿色食品认证要求有哪些？…… 184
194. 绿色食品认证有哪些程序？…… 186
附录一　北方放牧区　绿色食品肉牛养殖规程（LB/T 155—2020） …… 189
附录二　中华人民共和国畜牧法 …… 201
附录三　畜禽养殖场档案 …… 217

第一章
国外和国内常见肉牛品种与基本特征

1. 世界上著名的肉牛品种有哪些？

主要有英国的海福特牛、林肯牛、短角牛、安格斯牛，法国的夏洛莱、利木赞牛、蒙贝利亚牛（西门塔尔牛支系，乳肉兼用品种），意大利的皮尔蒙特牛、契安尼娜牛，美国的婆罗门牛和圣格鲁迪牛，比利时的比利时蓝白牛，瑞士的西门塔尔牛（乳肉兼用品种）、褐牛（乳肉兼用），德国和奥地利的黄牛（乳肉兼用品种），荷兰的荷斯坦牛（乳肉兼用俗称小荷兰）。

2. 西门塔尔牛有什么特点？

西门塔尔牛原产于瑞士西部的阿尔卑斯山区，原为役用品种，因社会发展需要，经过长期选育形成乳肉兼用品种（图 1-1、图 1-2）。目前西门塔尔牛已有 30 多个国家饲养。成为仅次于荷斯坦奶牛的世界第二大品种，是乳肉兼用的大型品种。

图 1-1　西门塔尔牛（公）

西门塔尔牛毛色多为红白花或黄白花，头部、四肢、腹部及尾

图 1-2　西门塔尔牛（母）

梢为白色。体躯丰满，肌肉发达。额部较宽，颈长充实，前躯发达，中躯深长，胸部宽深，肋骨开张，鬐甲较宽，尻长而平，乳房发达，四肢粗壮。成年公牛体重 1 000~1 300 千克，母牛 600~800 千克，屠宰率 55%~60%，净肉率 55%，肉质好、瘦肉多。同时西门塔尔牛也具有很高的产奶性能，年平均产奶 4 400~4 700 千克。

3. 安格斯牛有什么特点？

安格斯牛是英国最古老的肉牛品种之一，现在世界上大多数养牛国家都饲养该品种（图 1-3、图 1-4）。安格斯牛肉用性状选育上主要着重于屠宰率、肉质、饲料利用率、早熟性和犊牛成活率等方面。

安格斯牛体型较小，被毛多为全黑色，光亮，少数个体腹下、脐部和乳房周围有白斑。头小而方正，无角，颈中等长，背腰平直，腰荐部丰满，体躯深广呈圆筒状，四肢短而端正，具有典型的肉牛特征。该品种也有红色个体，目前已被培育成红色安格斯牛品

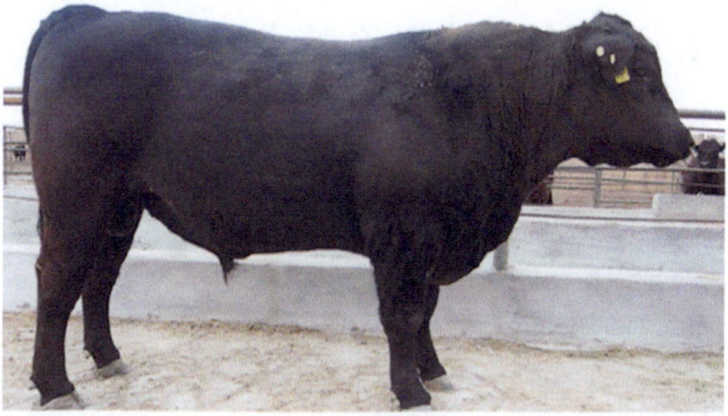

图 1-3　黑安格斯牛

图 1-4　红安格斯牛

种。安格斯牛早熟易配，产犊间隔短，连产性好，极少难产。抗病能力强，耐寒，但抗热性能差。安格斯牛属于小型早熟品种，公牛体重 700～750 千克，母牛 600～700 千克，日增重 800～1 000 克，产肉性能好，一般屠宰率 60%～65%，净肉率 48%～52%。性情温和，易于管理，是国际肉牛杂交体系中公认的最好母系。

4. 海福特牛有什么特点？

海福特牛也是英国最古老的肉牛品种之一，原产于英格兰岛西部的海福特郡（图 1-5、图 1-6）。

图 1-5　海福特牛（母）

图 1-6　海福特牛（公）

海福特牛属于典型的肉用体型，体型深宽，肌肉丰满，头短额宽，颈短而厚，前躯饱满，背腰宽厚，中躯肥满，臀部宽厚，四肢短粗。全身被毛除头部、垂皮、颈脊连鬐甲、腹下、四肢下部及尾尖为白色外，其余均为暗红色或橙黄色。分为有角和无角两种，角蜡黄色或白色。适应性好，抗旱耐寒耐热。成年公牛体重 900～1 100 千克，母牛 520～620 千克，日增重超过 1 000 克，肥育后屠宰率可达 60%～65%，净肉率 45%以上。

5. 夏洛莱牛有什么特点?

夏洛莱牛是欧洲体型最大的肉牛品种，原产于法国中部的夏洛莱和涅夫勒地区，是现代大型肉用育成品种之一（图 1－7、图 1－8）。

图 1–7　夏洛莱牛（母）

夏洛莱牛体躯高大，肌肉发达，全身被毛乳白或浅乳黄色，皮肤肉红色。额宽脸短，角圆长，向前方伸展，颈中等长，胸深肋

图 1-8　夏洛莱牛（公）

圆，背腰深广，臀部丰满，整个身躯呈圆桶状，四肢粗壮，后腿肌肉非常发达，具有双肌特征。夏洛莱牛耐粗饲，耐寒耐热。早期生长迅速，瘦肉率高，成年公牛体重 900～1 200 千克，母牛 670～790 千克。屠宰率 65%～70%，净肉率达 55%。夏洛莱牛 15 月龄以前的日增重非常高，是世界公认的经济杂交父本。

6. 利木赞牛有什么特点？

利木赞牛仅次于夏洛莱牛，为法国第二大肉牛品种，原产于法国上维埃纳省、克勒兹和科留兹等地，因在法国中部利木赞高原育成而得名（图 1-9、图 1-10）。

利木赞牛体格略小于夏洛莱牛，体格健硕，肌肉丰满，也属于大型肉牛品种。全身被毛多为红黄色，鼻周、眼睑、腹下等部位毛色较浅。体躯较长，角为白色，头颈粗短，肩峰隆起，胸宽深，肋圆，背腰壮实，尻平宽，四肢强健，整体结构良好，呈典型的肉用

图 1-9 利木赞牛（公）

图 1-10 利木赞牛（母）

体型。利木赞牛耐粗饲，性情温顺，体成熟早。成年公牛体重 900~1 100 千克，母牛 600~800 千克，屠宰率 63%~71%，净肉率 50%~58%。利木赞牛难产率极低，与任何肉牛品种杂交其犊牛初生重都比较小，一般难产率只有 0.5%。

7. 蒙古牛有什么特点？

蒙古牛原产于蒙古高原地区，现分布在内蒙古自治区和黑龙江、吉林、辽宁等地及周边地区，是我国优良的黄牛品种（图1-11、图1-12）。

图1-11 蒙古牛（母）

图1-12 蒙古牛（公）

蒙古牛头短宽而粗重，额稍凹陷。角细长，向上前方弯曲。角形不一，多向内稍弯。被毛长而粗硬，以黄褐色、黑色为多。皮肤厚而少弹性。颈短，垂皮小。鬐甲低平，胸部狭深。后躯短窄，尻部倾斜。背腰平直，四肢粗短健壮。乳房匀称且较其他黄牛品种发达。体重由于自然条件不同而有差异，250~500千克不等。秋季牧草繁生、膘满肥壮时，屠宰率有的可达53%左右，净肉率44%左右。泌乳期5.0~6.5个月，年平均产奶量500~700千克。

蒙古牛是我国北方优良牛种之一。它具有乳、肉、役多种用途，适应寒冷的气候和草原放牧等生态条件。它耐粗宜牧、抓膘易肥、适应性强、抗病力强、肉的品质好，生产潜力大，应当作为我国牧区优良品种资源加以保护。

8. 草原红牛有什么特点?

草原红牛是以乳肉兼用的短角公牛与蒙古母牛长期杂交育成，具有适应性强、耐粗饲的特点（图1-13、图1-14）。夏季可完全依靠放牧饲养；冬季不补饲，仅靠采食枯草仍可维持生存。对严寒、酷热气候的耐受力均较强，发病率较低。

图1-13　草原红牛（母）

图 1-14　草原红牛（公）

草原红牛被毛为紫红色或红色，部分牛的腹下或乳房有小片白斑。体格中等，头较轻，大多数有角，角多伸向前外方，呈倒八字形，略向内弯曲。颈肩结合良好，胸宽深，背腰平直，四肢端正，蹄质结实。乳房发育较好。成年公牛体重 700~800 千克，母牛 450~500 千克。据测定，18 月龄的阉牛，经放牧肥育，屠宰率 50.8%，净肉率 41.0%。经短期肥育的牛，屠宰率可达 58.2%，净肉率达 49.5%。

9. 鲁西黄牛有什么特点？

鲁西黄牛为山东地方良种牛，以役肉兼用著称（图 1-15、图 1-16）。主要分布在东阿、阳谷、冠县、莘县等县。新中国成立后，逐渐优选繁育良种及鲁西黄牛与本地黄牛杂交改良品种。

鲁西黄牛被毛多为黄色、淡黄色和红棕色，一般具有眼圈、鼻唇和腹下部毛色较浅的特征。性情温顺、耐粗饲、体躯粗壮、腰背宽平、形体结构匀称、紧凑，前躯肌肉发达。一般成年牛的体重

图 1-15 鲁西黄牛（母）

图 1-16 鲁西黄牛（公）

350~600 千克。育肥膘牛屠宰率 54%~58%，净肉率达 44%，肉质细嫩，层次均匀，味道鲜美，为传统出口商品，在国际市场上享有“山东膘牛”称誉。

第二章

肉牛饲料的加工与调制

10. 什么是青绿饲料，有什么特点？

青绿饲料是指天然水分含量在60%以上的青绿饲料类、树叶类及非淀粉质的块根块茎瓜果类，主要包括天然牧草、栽培牧草、田间杂草、菜叶类、水生植物、嫩枝树叶等（图2-1、图2-2）。

图2-1　苜蓿草

图2-2　高丹草

青绿饲料来源广，产量高，鲜嫩多汁，纤维素少，适口性好，容易消化吸收。合理利用青绿饲料，可以节省成本，提高养殖效益。

11. 青绿饲料使用注意事项有哪些？

使用青绿饲料防止农药中毒：对于刚施用过农药田地上的青绿饲料，不宜用作饲料。为防止引起农药中毒，一般经 15 天后才能收割利用。使用青绿饲料要防止亚硝酸盐中毒：青绿饲料特别是叶菜类饲料，若长时间堆放、发霉腐败、加热或煮后闷在锅里或缸里过夜等情况下饲喂时，在微生物作用下，青绿饲料中原含有的硝酸盐还原为亚硝酸盐而具有毒性。

12. 青绿饲料的收割重点是什么？

青绿饲料的适时刈割很重要（图 2-3）。青绿饲料在不同的生长阶段，所含的营养成分不同。刈割不及时的青绿饲料，往往由于木质化程度高，导致对饲料的利用率显著下降。一般禾本类青绿饲

图 2-3　青贮饲料收割过程

料应在抽穗时刈割，豆科类青绿饲料应在开花初期刈割。割后的青绿饲料要及时投喂，放置时间过长，不仅营养成分容易散失，而且适口性也会变差。

13. 制作青贮饲料应该掌握什么条件？

青贮饲料是将含水率为65%~75%的青绿饲料切碎后，在密闭缺氧的条件下，通过厌氧乳酸菌的发酵作用，抑制各种杂菌的繁殖，而得到的一种粗饲料。青贮饲料气味酸香、柔软多汁、适口性好、营养丰富、利于长期保存，是家畜优良饲料来源。

青贮原料：含碳水化合物多，含蛋白质少的植物适宜做青贮，禾本科植物、向日葵茎叶、块根类原料均是含碳水化合物高的种类。

含水量：青贮时，对含水量过低或过高的原料，要将含水量调整到适当的比例，如禾本科65%~75%、豆科牧草60%~70%。水分过高的原料应经晾干或直接掺入干饲料原料后再行青贮。

压实密封：主要是减少青贮饲料之间的空气，也为了防止外来空气的进入（图2-4）。因为青贮发酵的原理就是让青贮饲料进入

图2-4 青贮装窖压实

厌氧状态。如果压实和密封不好，青贮饲料就会因好氧菌的繁殖生长而腐败变质，因此压实密封是青贮成功与否的主要因素。

14. 制作青贮的设施有哪些？

青贮场地应选择地势高燥、土质坚硬、地下水位低、易排水、不积水，靠近畜舍、远离水源、远离圈厕和垃圾堆的地方，防止污染。

（1）青贮塔

青贮塔分全塔式和半塔式两种。一般为圆筒形，直径 3~6 米，高 10~15 米（图 2-5）。青贮水分含量 40%~80%的青贮料，装填原料时，较干的原料在下面。青贮塔由于取料出口小、深度大，青贮原料自重压实程度大，空气含量少，贮存质量好。但造价高，仅适合有条件的大型牧场采用。

图 2-5　青贮塔

（2）青贮窖

青贮窖分地下式、半地下式和地上式（图 2-6）三种，圆形或方形，直径或宽 2~3 米，深 2. 5~3. 5 米。通常用砖和水泥做材料，窖底预留排水口。一般根据地下水位高低、当地习惯及操作方便与否决定采用哪一种。但窖底必须高出地下水位 0.5 米以上，以防止水渗入窖。青贮窖结构简单，成本低，易推广。

图 2-6　地上式青贮窖

（3）裹包青贮

裹包青贮是一种利用机械设备完成秸秆或饲料青贮的方法，是在传统青贮的基础上研究开发的一种新型饲草料青贮技术（图 2-7）。裹包青贮技术是指将牧草或玉米收割后，用打捆机（图 2-8）进行高度压实打捆，然后通过裹包机用拉伸膜包起来，从而创造一个厌氧的发酵环境，最终完成乳酸发酵过程。由于拉伸膜裹包青贮密封性好，提高了厌氧发酵环境的质量，提高了饲料的营养价值；由于压实性好，不受季节、日晒、降水和地下水位的影响，且霉变损失、流液损失大大减少，可在露天堆放 1~2 年。易于运输和商品化。青贮气味芳香、粗蛋白含量高，消化率高，适口性好、采食量高，家畜利用率可达 100%。内蒙古自治区部分地区已经开始尝试这种青贮方式。

图 2-7　裹包青贮

图 2-8　青贮打捆机

15. 怎样制作青贮饲料？

（1）收割

原料要适时收割，饲料生产中以获得最多营养物质为目的。收割过早，原料含水量大，可消化营养物质少；收割过晚，纤维素含量增加，适口性差，消化率降低。

（2）切碎

为了便于裹包和贮藏，原料须经过切碎，秸秆青贮前均必须切碎到长 2~3 厘米，青贮时才能压实。

（3）装填贮存

通常可以用裹包和窖藏等方法。装窖前，底部铺 10~15 厘米厚的秸秆，以便吸收液汁。窖四壁铺塑料薄膜，以防漏水透气，装时要压实，可用推土机碾压，人力夯实，一直装到高出窖沿 60 厘米左右，即可封顶。封顶时先铺一层切短的秸秆，再加一层塑料薄膜，然后覆土压实。四周距窖 1 米处挖排水沟，防止雨水流入。窖顶有裂缝时，及时覆土压实，防止漏气漏水。裹包法须将青贮原料装入专用裹包膜，用手压和用脚踩实压紧，直至装填至距袋口 30 厘米左右时，抽气、封口、扎紧袋口。

16. 青干草怎样进行加工调制？

优质青干草呈绿色，并且气味芳香，含有丰富的蛋白质、矿物质和维生素，是肉牛养殖的上等粗饲料，其适口性好、消化率高，在肉牛发生厌食时饲喂可以提高肉牛的采食量。

（1）调制过程中的养分控制

青干草的干燥方法不同、干燥的时间不同，对于其营养的损失程度也不相同。青干草养分的变化可分为两个阶段，第一阶段是青草收割到水分降到 38%~40% 这段时间，这一阶段青草虽然被割下，但是细胞仍存活，还会断续进行呼吸作用，养分还会被分解，其中的糖、蛋白质等营养物质在这一阶段被分解的过程为饥饿代谢。当水分降低到38%~40%时，细胞死亡，养分的分解停止，因此为了减少这一阶段的养分损失，就要缩短饥饿代谢的时间，所以在调制青干草时要将草铺薄、勤翻、暴晒，以加快水分的蒸发。第二个阶段是细胞死亡到青干草被晒干，水分达到14%~17%这一阶段，这段时间青草体内的营养物质会被细胞内酶分解。另外，青草在调制的过程中受到日光、雨淋和机械作用的破坏会造成损失，其中主要损失的养分是可消化的营养物质。

(2) 常用干燥方法

青干草的干燥方法较多，在调制时要结合当地的气候条件、地理条件等选择适宜本场的干燥方法。

田间晾晒法。青草在收割后直接在原地或者附近的空地进行平铺暴晒，让水分自然散发降低到50%左右，在晾晒期间要勤翻，然后将其堆成1米高的草堆逐渐风干。

草架干燥法。利用田间晾晒法将牧草中的水分降到45%~50%，然后将其置于用树干或者木棍搭建好的干草架上。利用草架晾晒青干草的优点在于草架的中部空虚，空气流通较好，利于牧草水分的散发，可以提高干燥速度，减少营养物质的损失。

发酵干燥法。这种方法是介于调制青贮和青干草之间的一种特殊的干燥方法。其原理是将风干至含水量为50%的青草堆积，利用牧草本身呼吸作用产生的热量和各种菌群发酵产生的热量在草堆中积蓄，可将草堆内的温度达到70~80℃，同时再借助通风将牧草中的水分蒸发，以起到干燥的作用。

人工干燥法。此法在国外的应用范围较广，主要的方法有风力干燥法、高温快速干燥法和化学制剂干燥法等。其中风力干燥法是利用高速风力，将半干青草中的水分迅速风干。高温干燥法是将青草切成2~3厘米长，然后利用高温在数分钟甚至数秒钟内使水分含量降至10%~20%，利用此法生产的干草可保存90%~95%的养分，营养损失少，但是生产费用高。化学制剂干燥法是利用化学制剂，如甲酸、硅胶等进行干燥的方法，此法最好选择在晴天使用，并且在喷洒化学制剂时要喷施均匀。

(3) 青干草贮藏

调制完成的青干草要进行堆垛贮藏，要求青干草的含水量应在18%以下，否则在贮藏过程中会发霉、腐烂。堆垛的位置应选择地势平坦、干燥、排水良好的地方，可在草棚内，也可在露天，同时还要求离牛舍近一些。垛底要用石块或者秸秆垫高，离地面40~50厘米，并铺平，四周要设置排水沟。堆垛时要由下向上逐渐扩大，在顶部收缩成圆顶。然后用干燥的杂草覆盖封顶。最后用绳子将草垛的顶脊封压牢固，防止大风将草垛吹乱。

(4) 青干草的品质鉴定

调制成功的青干草的品质对其营养价值、适口性等有着重要的作用，可通过观察青干草的组成、颜色、气味、含叶量来评定青干草的品质（表2-1）。

表2-1　青干草的品质鉴定

项　目	等　级		
	优　质	中　等	劣　等
草品种含量	豆科牧草占比较大	禾本科牧草占比较大	不可食牧草含量较多
颜色、气味	鲜绿色、浓郁香味	淡绿色、青草味	黄褐色、无香味
含叶量	75%以上	50%~75%	25%以下

17. 秸秆类饲料怎样加工调制？

秸秆饲料，主要是指以甜高粱、玉米、芦苇、棉花等秸秆粉碎加工而成的纤维饲料，是反刍动物的主要饲料。

(1) 物理加工

【机械加工】利用机械将粗饲料铡短、粉碎或揉搓，这是利用粗饲料最简便而又常用的方法。尤其是秸秆饲料比较粗硬，加工后便于咀嚼，减少能耗，提高采食量，并减少饲喂过程中的饲料浪费。

铡短：利用铡草机将粗饲料切短成2~3厘米，稻草较柔软，可稍长些，而玉米秸较粗硬且有结节，以1厘米左右为宜。

粉碎：粗饲料粉碎可提高饲料利用率，便于与精饲料混拌。粉碎的细度不应太细，以便反刍。

揉搓：揉搓机械是近年来推出的新产品，为适应反刍家畜对粗饲料利用的特点，可将秸秆饲料揉搓成丝条状。秸秆揉碎不仅提高了适口性，也提高了饲料利用率，是当前利用秸秆饲料比较理想的加工方法。

【盐化】盐化是指铡碎或粉碎的秸秆饲料，用1%的食盐水与等重量的秸秆充分搅拌后，放入容器内或在水泥地面上堆放，用塑料薄膜覆盖，放置12~24小时，使其自然软化，可明显提高适口性和采食量。

（2）化学处理

利用酸碱等化学物质对秸秆饲料进行处理，降解纤维素和木质素中部分营养物质，以提高其饲用价值。在生产中广泛应用的有碱化、氨化和酸处理。

【碱化】碱类物质能溶解半纤维素，有利于反刍动物对饲料的消化，提高粗饲料的消化率。碱化处理所用原料，主要是氢氧化钠和石灰水。

【氨化】秸秆饲料蛋白质含量低，经氨化处理后，粗蛋白质含量可大幅度提高，纤维素含量降低10%，有机物消化率提高20%以上，是牛、羊反刍家畜良好的粗饲料。

【氨-碱复合处理】为了使秸秆饲料既能提高营养成分含量，又能提高饲料的消化率，把氨化与碱化二者的优点结合利用。即秸秆饲料氨化后再进行碱化。

(3) 生物学处理

主要是指微生物的处理，包括青贮料和糖化发酵饲料。

【青贮】主要是指调制青贮，如加尿素青贮、加微量元素青贮、加乳酸菌青贮、加甲醛（又名福尔马林）青贮、加酸青贮等。

【糖化发酵饲料】糖化发酵就是把酵母、曲种等在饲料中接种，产生有机酸、酶、维生素和菌体蛋白，使饲料变得软熟香甜，略带酒味，还可分解其中部分难以消化的物质，从而提高了粗饲料的适口性和利用效率。

18. 能量饲料怎样加工?

能量饲料指饲料绝干物质中粗纤维含量低于18%、粗蛋白质低于20%的饲料。常用的主要能量饲料有谷物类和块根块茎类。

(1) 谷物类能量饲料的加工

用于育肥牛的能量饲料在使用前一般都要进行加工，加工方法很多，如粉碎法、磨碎法、膨化法、微波化法、湿磨法、烘烤法、颗粒化法、蒸汽压扁法等，这些加工方法各有优缺点，但综合比较以蒸汽压扁法加工效果较好。

【粉碎法】使用锤片式机械将玉米、大麦、高粱等击碎成粉状，这是我国目前养牛场用得最多的方法。设备简单、易获得、加工成本低是其优点；颗粒太细、不利于牛的采食和在瘤胃降解多等是其缺点。

【磨碎法】使用辊磨式机械将玉米、大麦、高粱等磨、碾碎成粉状。加工成本低是其优点；颗粒粗细较难掌握是其缺点。

【膨化法】将玉米、大麦、高粱等能量饲料放在一容器内，加热加压，饲料在高温高压下软化膨胀，当其喷出来时饲料松软、芳香可口。这种加工方法的优点是饲料适口性好，提高了育肥牛的采食量；又因在加热加压过程中饲料中的淀粉被糊化，提高了育肥牛对饲料的消化率。加工成本较高是其缺点。

【微波化法】将玉米、大麦、高粱等能量饲料放在由红外线发生器产生的微波下，将能量饲料加温达 140℃以上，再送入辊轴，压成片状。饲料在红外线微波作用下，内部结构发生变化，提高了育肥牛饲料的消化率是这种加工方法的优点；需要的生产设备条件较高、成本较高是其缺点。

【湿磨法】湿磨玉米是将玉米经过清理（除杂质）、浸水（水泥池或缸、浸泡液回收利用）、分离玉米胚芽（胚芽提取利用）、磨粉、离心分离出各种饲料（营养性甜味剂、面筋粉、面筋饲料、玉米胚芽粉、浓缩发酵提取物）。这种加工方法需要的生产设备资金大、成本较高是其缺点；但饲养效果好是其优点。

【烘烤法】将玉米、大麦、高粱等能量饲料放在专用的烘烤机器内加温，烘烤温度为 135~145℃。经过烘烤的玉米、大麦等具有芳香味，育肥牛的采食量有显著的增加是其优点；这种加工方法需要能源消耗多、生产成本较高是其缺点。

【颗粒化法】颗粒化法是将玉米、大麦、高粱等能量饲料先粉碎，而后通过特制制粒机制成一定直径的颗粒。此法可依据育肥牛的体重大小压制成直径大小不等的颗粒饲料，还可以在压制颗粒过程中添加其他饲料，提高颗粒料的营养价值。育肥牛采食颗粒料的量要大于其他饲料量，喂颗粒饲料能提高育肥期的增重速度是此法的优点；但需要的生产设备资金大、加工成本较高是此法的缺点。

【压扁法】将能量饲料（玉米、大麦、高粱等）压成薄片，分为干压扁和蒸汽压片。

a. 干压扁。干压扁是将玉米、大麦、高粱等能量饲料装入锥状转子的压扁机，被转子强压碾成碎片，压扁机后续工程又将大片状饲料打成小片状饲料。

b. 蒸汽压扁法。采用蒸汽压片玉米喂牛已在国外广泛利用近 30 年，近年来有更多的肉牛饲养场采用蒸汽压片玉米喂牛。蒸汽温度 100~105℃、含水量 20%~22%。压片玉米需要一次性投入的生产设备资金较大，但饲养效果好、饲养成本低。

（2）薯类及块根、块茎类饲料的加工利用

这类饲料的营养较为丰富，适口性也较好，是动物冬季不可多得的饲料之一。加工较为简单，应注意三个方面：一是霉烂的饲料不能饲喂；二是要将饲料上的泥土洗干净，用机械或手工的方法切成片状、丝状或小块状，块大时容易造成食道堵塞；三是不喂冰冻的饲料。饲喂时最好和其他饲料混合饲喂，并现切现喂。

19. 蛋白质饲料怎样加工？

蛋白质饲料是指自然含水率低于45%，干物质中粗纤维低于18%，而干物质中粗蛋白质含量达到或超过20%的豆类、饼粕类等。

蛋白质饲料分为动物性蛋白质饲料和植物性蛋白质饲料，植物性蛋白质饲料又可分为豆类饲料和饼类饲料，2001年农业部出台规定，禁止在反刍动物饲料中使用动物源性饲料，所以这里不对动物性蛋白质饲料进行介绍。不同种类饲料的加工方法不一样，现分别介绍如下。

（1）豆科籽实的加工

生豆中含有一些抗营养因子，会降低日粮营养物质消化率，并影响动物某些生理过程和饲料适口性，所以，为了消除这些不利因素，豆类蛋白质饲料最好的加工方法就是加热处理，因此在生产中常用蒸煮和焙炒的方法来破坏生豆中抗营养因子，提高了蛋白质的生物学价值。

（2）饼粕类饲料的加工

富含脂肪的豆类籽实和油料籽实提取油后的副产品统称为饼粕类饲料。

豆饼根据生产的工艺不同可分为熟豆饼和生豆饼。熟豆饼经粉碎后可按日粮的比例直接加入饲料中饲喂，不必进行其他处理；生豆饼由于含有抗营养因子，在粉碎后需经蒸煮或焙炒后饲喂。豆饼粉碎的细度应比玉米要细，便于配合饲料和防止动物的挑食。

棉籽饼含有丰富的可消化粗蛋白质、必需氨基酸，基本上和大豆粕的营养相当，还含有较多的可消化碳水化合物，是能量和蛋白质含量都较高的蛋白质饲料。棉籽饼中含有棉酚，饲喂过量时容易引起中毒，所以在饲喂前一定要进行脱毒处理，常用的处理方法有水煮法和1%硫酸亚铁水溶液浸泡法。

菜籽饼是油菜产区的菜籽油的加工副产品，饲用受两个不利的因素影响，一是菜籽饼含有苦味，适口性较差；二是菜籽饼含有硫葡萄糖苷，这种物质在酶的作用下，裂解生成多种有毒物质，饲喂和处理不当就会发生饲料中毒。因此对菜籽饼的脱毒处理显得十分重要，菜籽饼的脱毒处理常用的方法有土埋法和氨、碱处理法。

其他饼类饲料如胡麻饼、花生饼、葵花饼、芝麻饼等因不含有毒物质，只要无霉变，饲用即较为安全，在保存时应注意防潮。

(3) 糟渣类饲料

糟渣类饲料属食品和发酵工业的副产品，主要有啤酒渣、酒精渣、淀粉渣、豆渣、果渣、味精渣、糖渣、白酒渣、酱醋渣等，其特点是含水量高（70%~90%），粗蛋白质、粗脂肪和粗纤维含量各异。糟渣类的新鲜品或脱水干燥品均可作为肉牛的饲料。

(4) 其他蛋白质饲料

其他蛋白质饲料主要包括微生物蛋白、非蛋白氮和合成氨基酸。微生物蛋白包括酵母、非病原菌、真菌和一些单细胞藻类。非蛋白氮是指尿素、磷酸铵等一类非蛋白态含氮化合物的总称，它们可以代替部分饲料蛋白质用于饲喂成年反刍动物，因为反刍动物可借助瘤胃中的微生物将氨基酸与氨转化为蛋白质。

20. 什么是矿物质饲料？

矿物质饲料是天然生成的矿物质和工业合成的单一化合物以及混有载体的多种矿物质化合物配成的矿物质添加剂预混料，不论提供常量元素或微量元素者均为矿物质饲料。

①常量矿物元素如钙、磷、钠、氯等都是通过以矿物饲料原料的形式直接添加到饲料中去的，例如食盐、碳酸钙等。

②微量矿物元素如铁、铜、锰、锌、硒等都是以添加剂预混料的形式添加使用的。

21. 什么是饲料添加剂？

饲料添加剂是指为了某些特殊需要向各种配合、混合饲料中人工另行加入的具有各种不同生物活性的特殊物质，是配合饲料的重要成分。主要包括营养性添加剂，如维生素添加剂、微量元素添加剂等，非营养性添加剂，如生长促进剂、驱虫保健剂等。

维生素添加剂指由工业合成或提纯的单一或复合维生素制品，包括脂溶性维生素饲料和水溶性维生素饲料。

①脂溶性维生素饲料包括：维生素 A、维生素 D、维生素 E、维生素 K。

②水溶性维生素饲料包括：维生素 C 和 B 族维生素。

第三章

肉牛营养需要和日粮配合

22. 肉牛营养需要主要分为哪些类型？

按营养物质的用途分类可分为：维持、生长、繁殖、产肉；按营养物质的种类分类可分为：能量、蛋白质、矿物质、维生素、水。

23. 肉牛营养需要都有哪些来源？

能量主要来源于玉米、小麦；蛋白质主要来源于豆饼、棉粕；矿物质主要来源于玉米秸、麦秸和干草；维生素主要来源于预混料。牛在维持生命、生长、繁殖和增重的过程中，必须从饲料中摄取足够的营养。牛所需要的营养种类虽然很多，但概括起来可分为5大类，就是能量、蛋白质、矿物质、维生素和水。

24. 什么是能量需要？

目前，世界上多数国家肉牛的饲养标准都采用净能体系，我国采用的是综合净能值（NEmf）。综合净能=维持净能+增重净能，用肉牛能量单位（RND）表示，1个肉牛能量单位为1千克中等玉米的综合净能值，即8.08兆焦。这种综合净能值的计算适合我国国情，因为我国许多地方都在用玉米作为主要能量饲料，便于在生产中推广应用。牛所需要的能量，来源于饲料中的碳水化合物、脂肪和蛋白质三种有机物质。在这三种物质中，碳水化合物是能量的主要来源。碳水化合物又可分为无氮浸出物和粗纤维。无氮浸出物是可溶性碳水化合物，易于消化，玉米等谷物的籽粒中含有大量淀粉，淀粉就是无氮浸出物。粗纤维是难溶性的碳水化合物，牛的瘤胃分解消化粗纤维的能力较强。虽然饲料纤维（植物纤维）也是能量物质的一部分，但其作用是其他能量物质不能代替的，饲料纤维对草饲家畜维持其正常的消化功能必不可少；同时其消化代谢的产物对维持瘤胃内环境，对牛营养物质的均衡，也是必不可少的。生产中植物纤维占日粮的比例不应低于35%。饲料纤维不足会造成消化不良、瘤胃pH值下降，易发生酸中毒，继而发生蹄叶炎、皱胃移位等。

25. 什么是蛋白质的需要？

饲料中的含氮物质，总称为粗蛋白质，牛对粗蛋白质的平均消化率为65%，可消化部分叫可消化粗蛋白质。饲料中的蛋白质是由各种氨基酸组成的，牛对蛋白质的需要实质是对氨基酸的需要。有些氨基酸在牛体内不能合成，或合成数量不能满足牛正常生长需要，必须从饲料中获得，这些氨基酸称为必需氨基酸，包括蛋氨酸、色氨酸、赖氨酸、精氨酸、胱氨酸、甘氨酸、酪氨酸、亮氨酸、异亮氨酸、缬氨酸、苯丙氨酸、苏氨酸等。动物蛋白质优于植物蛋白质，其含有更为全面的氨基酸。由于牛的消化生理特点，饲料中非蛋白氮也是牛获得氨基酸的补充，非蛋白氮包括尿素及其衍生物、肽类及其衍生物、有机胺及无机氨等，最常用的是尿素。1克尿素相当于2.8克蛋白质或7克豆饼中所含的蛋白质，饲喂尿素对蛋白质缺乏地区是很有益的，尿素的饲喂一般可占日粮干物质的1%。缺乏蛋白质可以造成生长缓慢、体重减少、消化功能减退、生产性能下降、抗病力减弱、繁殖功能紊乱等；蛋白质过剩时虽然机体可以调节，将多余的氮排出体外，碳链作能量利用，然而长期、大量的过剩，则会引起代谢紊乱，导致中毒。

26. 什么是矿物质的需要？

根据矿物质在机体内的含量将其分为常量元素和微量元素。常量元素：体内含量占体重的万分之一以上，如，钙、磷、钠、氯、钾、硫、镁。微量元素：体内含量占体重的万分之一以下，如，铁、铜、钴、碘、锌、硒等。矿物质急性缺乏或由其引起的急性死亡在生产中很少见，但任何一种矿物质的供应不足，均会导致牛体的衰弱、功能紊乱，表现在食欲减退、饲料利用率降低、繁殖功能受损、骨骼病变、生长阻滞等；但矿物质摄入超过安全用量则会造成危害或引起急性中毒，影响其他元素的吸收或需要量。妊娠母牛最后 4 个月可以适当增加钙、磷量，泌乳牛每产 1 千克 4%乳脂率的标准乳需增加钙 4.5 克、磷 3 克。肉牛对钙、磷的吸收是成比例的，最佳比例应为（1.3~2.0）：1，维生素 D 可以促进钙、磷的吸收，在使用尿素作为粗蛋白质饲料时还需补充一定数量的钙、磷。

27. 什么是维生素的需要？

维生素根据其溶解性质可分为脂溶性和水溶性两大类，前者包括维生素 A、维生素 D、维生素 E、维生素 K，后者包括 B 族维生素和维生素 C。牛自身及瘤胃微生物能合成部分维生素，如维生素 K、维生素 D 和部分 B 族维生素，维生素的长期或过量使用会造成中毒症，尤其是脂溶性维生素，很容易发生蓄积中毒。

28. 肉牛生产中对水的需要应该注意什么？

水的摄取量受牛的生理状态（年龄、泌乳、妊娠、体表和呼吸道蒸发程度等）、干物质摄取量、日粮含水量、环境温湿度和水的品质等因素的影响，在 18~20℃气温下，肉牛每 100 千克体重需水 10 升，夏天需增加 2 升。

29. 如何准确选择饲养标准？

根据肉牛的种类、生理阶段、体重、日增重选择相应的饲养标准，严格依照饲养标准配合日粮，因环境季节变化可略做调整，一般浮动范围不超过 10%，避免养分的过多或过少，实现各种养分间的平衡，提高饲料的利用率和生产效益。

30. 粗饲料对肉牛有哪些重要意义？

粗饲料是日粮的主要组成部分，肉牛是复胃动物，为了保证其消化器官的生长发育、酸碱度的平衡，必须提供足量的粗饲料，肉牛所需养分的 60%以上应来自各类粗饲料，如干草、玉米秸秆等，粗饲料来源广泛，可以降低饲养成本，提高生产效益。

31. 为什么肉牛日粮中必须要添加精饲料？

在肉牛生长前期、泌乳期、集中肥育期，粗饲料远不能满足其营养需要，必须补充一定量的精料补充料，随着生产强度的增加，精料喂量也应增加。精料补充量的多少取决于多种因素，一般集中肥育期每天投喂 2~5 千克精料。

32. 日粮中钙磷等矿物质元素为什么是必不可少的？

肉牛的正常生长发育离不开矿物质元素，用量虽小，但作用却不可忽视。一旦缺少会引起严重的营养代谢疾病，降低免疫力，给生产造成严重损失。越是高产品种，矿物质元素的需要量越大，应保证足量供给。

33. 为什么非蛋白氮能降低饲养成本？

由于肉牛瘤胃功能的特殊功能，可以把尿素等非蛋白氮转化成可消化吸收的微生物蛋白，从而降低饲养成本，缓解人畜争粮的矛盾。

第四章
肉牛的繁殖技术

34. 什么是牛的初情期与性成熟？

犊牛生殖器官的生长发育与体躯的生长同步进行，到 6 月龄前后，生殖器官的生长速度明显加快，逐渐进入性成熟阶段。此时，各生殖器官的结构与功能日趋成熟与完善，性腺能分泌生殖激素，公牛睾丸能产生成熟的精子，母牛卵巢基本发育完全，开始产生具有受精能力的卵子，并出现发情，这种现象称为性成熟，此时牛的年龄即为性成熟期。动物的性成熟有发展过程，小母牛出现第 1 次发情的现象叫做初情期，后者就是这个过程的开始。牛生殖器官发育和生殖机能，是受其内分泌控制的。随着机体的生长发育，下丘脑开始分泌促性腺激素释放激素，促进垂体分泌促卵泡素（FSH）和促黄体素（LH）。母牛的促卵泡素促进卵巢中的卵泡生长并分泌雌激素；促黄体素促进卵巢中成熟卵泡排卵与黄体生成并分泌孕酮；雌激素促进母体生殖道的成熟和性行为表现，可使乳腺导管加速增长；公牛的促卵泡素会促进曲精细管的增长与精子生成，促黄体素又称间质细胞刺激素，刺激睾丸间质细胞合成并分泌睾酮，对睾丸发育和精子最后成熟有决定作用。体重是影响母牛性成熟的主要因素，良好的饲养可促进生长和增重。肉牛品种达到初情期的年龄往往比乳用品种迟。我国黄牛初情期在温暖的南方比寒冷的北方早。

35. 肉牛体成熟与适配年龄的时间是什么时候？

所谓体成熟是指公母牛骨髓、肌肉和内脏器官已基本发育完成，而且具备了成年时固有的形态和结构。因此，母牛性成熟并不意味着配种适龄。因为在整个生长发育过程中，体成熟期要比性成熟期晚得多；如果育成公牛过早交配，会妨碍其健康发育；育成母牛交配过早，不仅会影响正常发育和生产性能，还会影响幼犊的健康。因此，育成母牛5~6月龄，就应与育成公牛分群饲养，以免过早交配。育成牛的生长发育速度因受到品种、饲养管理、气候和营养等因素的影响而不一致，初配年龄应当根据其体重来确定。试验证明，育成母牛的体重要达到成年母牛体重的70%左右，才可进行第1次配种，黄牛一般为150~250千克。达到这样体重的年龄，在饲养条件佳的早熟品种一般为14~16月龄，饲养条件差的晚熟品种为18~24月龄。

36. 肉牛繁殖机能停止期是什么时候？

动物繁殖年龄是有一定年限的，牛的繁殖机能停止期一般为13~15岁，此时母牛卵巢机能逐渐停止，不再出现发情与排卵表现，公牛性欲和精子质量则显著下降。在实际生产中，绝大多数肉牛在此年龄已因失去饲养价值而被淘汰。

37. 提高肉牛繁殖能力的技术措施有哪些？

肉牛养殖过程中，其繁殖能力受营养因素、环境因素、遗传因素、疾病因素、技术因素等多方面影响，掌握提高肉牛繁殖能力的技术措施，是养殖经济效益的基础保证，有助于疾病的科学防治，充分增强母牛繁殖水平。具体措施如下。

（1）配种前做好优质选育

一般来说，我们将增肥速度快、拥有强健体质且具备健康身体条件的种公牛称为优良品质种牛。选择这些种公牛进行肉牛繁殖，可将优质特点遗传给下一代，有效保证繁殖能力，提升疾病防御能力。在选择母牛时首先也要综合考虑繁殖能力是否良好、品质是否良好、身体是否健康，及时淘汰存在生殖困难的母牛，尤其是失去防疫能力、有遗传病史、常流产的母牛，避免给自身繁殖和犊牛健康造成不利影响，做好种公牛和母牛的选择，还可以降低繁殖过程的成本消耗。完成选种后需要掌握适配年龄，此举可在公牛精子活性最佳的壮年时期，提升繁殖效果。母牛不可在幼年进行配种，避免给生长发育与健康繁殖造成影响，防止产后出现产奶量不足的问题，降低牛犊质量，增加牛犊疾病感染或者营养不良概率。此外，母牛也不可过大年龄进行配种，这是因为此时母牛繁殖能力低，不利于提升繁殖率。

（2）养殖中注意营养均衡

想要达到科学繁殖的目的，就要保证养殖中的营养均衡，严格掌握肉牛营养供给工作，通过适量、全面、均衡的营养成分饲料，及时满足肉牛整个繁殖期的身体需求和胎儿需求。肉牛在初情期时，养殖人员需关注矿物质营养、维生素、蛋白质的适量供应，促进肉牛机体发育和性机能成熟，避免营养水平过高引起发情异常，青年肉牛如果没有采取放牧形式进行饲养，需要注意青饲料的适量供应，将优质牧草和青饲料供应给初情期前后的母牛。养殖人员根据公牛性机能保持旺盛状态所需的营养条件进行科学饲喂，将维生素营养与优质蛋白质提供给种公牛，结合季节变化，在青饲料不足的时期做好补充维生素的饲养措施，促进种公牛精液品质和性欲提高。

（3）提供舒适且卫生的饲养环境

养殖场定期清洁牛舍，保持牛舍卫生条件达标，打扫粪便，给母牛定期擦洗身体，防止由于卫生环境问题降低繁殖能力，采取防虫、防蝇措施，避免由于蝇虫引起母牛交叉性感染问题，降低疾病发生和传播概率。为了进一步给母牛提供舒适且卫生的环境，养殖人员结合气候变化，炎热夏季做好通风降温措施，为牛舍安装电风扇进行通风散热，保持舒适清爽环境，注意饮水量的增加，防止牛群脱水引起中暑问题；寒冷冬季做好保温措施，将棉帘或者稻草盖在牛舍顶部，防止牛群受凉影响繁殖能力。

(4) 掌握良好配种条件要点

母牛的配种受环境影响很大，一旦存在空气湿度、温度、日照时间、日照强度不适宜问题，则会直接影响繁殖效果，因此掌握良好配种条件要点意义重大。由于温度过低环境下母牛流产率更高，温度过高环境下牛犊胎死腹中概率更大，且容易降低发情率，所以尽量在温度适宜的秋天或者春天配种。考虑到日照时间过短容易降低受胎率，在天气寒冷的冬季时养殖人员应严格控制温度和日照充足，有效保证并尽可能提升繁殖能力。

(5) 鉴定母牛发情技术要点

养殖人员要及时鉴定母牛的发情时期，避免母牛发情被错过，保证母牛可以在合理时间内完成配种，充分利用发情期优势提升繁殖能力。养殖人员对发情行为进行细致观察，确定发情时间，重点对阴道分泌液体进行必要检查，结合母牛活动方式、情绪的观察，顺利完成发情鉴定工作。

(6) 输精配种时间选择要点

通常来说，现代规模化肉牛养殖普遍采取冷冻精液繁殖技术，需要做好配种记录防止出现近亲繁殖的情况，输精前应由专业技术人员检测精子活力，这是保证精子质量的有效方法。养殖人员在对适合配种时机进行选择时，可在发情反应消失 4~6 小时、阴道有丰富黏液分泌出来的时候、母牛发情后 18~20 小时这 4 个时间段进行输精配种。

(7) 输精后技术要点

具体实践中，观察母牛生活方式与身体状况，对母牛怀孕与否进行准确判断，当确定母牛受孕后，落实加强护理措施，给牛犊健康发育和正常生长提供有力保证；当确定母牛未受孕后，及时采取补配措施。

(8) 不可忽略免疫接种工作

及时进行肉牛各项疾病免疫接种工作，提升其抵抗力，避免疾病感染和传播。当发现有牛患有传染性疾病时，养殖人员按照检疫规定、防疫要求上报情况的同时，采取相应防治技术措施处理疫情；当发现有母牛流产或者难孕时，要将原因及时查明清楚，针对性采取相应措施，避免疾病进一步蔓延，有效诊治母牛产科疾病、生殖道疾病、卵巢疾病等，落实综合防治措施。

38. 牛的人工授精有什么意义？

肉牛繁育技术中的人工授精是最为常用的繁育技术，且现在的人工繁育技术已经发展得相当成熟，人工繁育技术能够提升肉牛的品质，而且能够提升受孕的概率。在肉牛养殖中，引进优良的冷冻种牛精液，可以进一步改善原有种牛的品种缺陷，提升肉牛的整体质量，现在自然交配的肉牛受精率较低，同时也不能满足规模化养殖的需求，因此，人工授精技术的普遍应用是我国目前养殖业发展的基本要求。

39. 胚胎移植技术的方法和好处

为了提升肉牛的生产率，可以利用胚胎移植技术缩短母牛的孕育时间。具体操作是将母牛体内的早期胚胎或通过体外人工授精得到的胚胎，或其他方式得到的胚胎，移植到具有相同生理期的其他母牛体内，使其继续生长发育，以获得优良肉牛。该技术不仅可以培育肉牛优良品种，还可以促进肉牛品种结构的不断优化，传承优良肉牛母体中的基因。

40. 什么是胚胎分割技术？

牛胚胎分割技术是在牛胚胎移植技术的基础上发展起来的技术。其方法是通过对胚胎的显微外科操作，把一个胚胎分割成两个或多个，由于牛胚胎发育早期，每个卵裂球都具有发育成一个完整个体的潜在可能性，因此通过胚胎分割技术，可以人工制造同卵双胎或多胎，可成倍地增加胚胎数和产犊数，从而迅速扩大良种肉牛群，加速肉牛业的发展。此外通过胚胎分割技术还可获得性别和遗传上完全相同的同卵孪生或多生后代，为遗传学、生理学、营养学等研究提供宝贵试验材料。

41. 体外受精技术的意义

体外受精技术主要是为了增加肉牛母体的受孕率，由于受孕率受到各种因素的影响，很多方法的运用对受孕率的提升效果都不是特别的明显，通过开展体外受精技术提升肉牛母体的受孕率，可以有效地推动我国肉牛的生产效率，从而满足市场需求。体外受精是将经过处理的精子在体外与雌性肉母牛卵母细胞授精的技术，将形成的胚胎移入母牛子宫，生出的犊牛为试管犊牛。该法可提高肉牛的受孕率，体外受精技术的成本低，且效率高，可以在短时间内完成肉牛的扩繁。

42. 传统的肉牛繁殖方式有哪些缺陷？

在 20 世纪中期之前，我国生产力低下，养牛主要用来代替人力耕种，并且农牧户养牛分散，饲养数量较少，本交是唯一的牛繁殖方式。本交是指发情母牛和公牛直接交配，繁殖能力主要取决于牛的发情周期。牛属于全年多次发情动物，平均 21～25 天就会发情一次，其发情周期受环境的影响较大，在温暖季节里，发情周期正常，发情表现显著；在寒冷地区，特别是粗放饲养情况下，发情周期也会停止。在生产力低下的情况下，恶劣的环境会严重影响母牛的发情周期和公牛的精液质量。因此，在以本交为牛主要繁殖方式的年代，牛的饲养很难形成一定的规模，并且本交繁殖技术不够规范，没有形成一定的体系，生产技术和生产力严重限制了养牛业的发展。随着人们生活水平的提高和人们对肉类消费观念的改变，以放养为主的饲养方式不能够满足人们对牛数量的需求，本交繁殖技术逐渐变得规范，并形成体系。应用本交的方法，通常采用公牛一次或多次与多头母牛配种的手段提高牛群整体的繁殖能力。受牛本身生理条件的限制，各地区每头公牛每月配种数均未超过 20 头。在利用本交技术进行肉牛饲养时，除了要考虑公牛精液的质量，还要考虑公牛和母牛的体格，并且在自然交配的情况下，牛的习性也严重限制了本交的成功率。一般情况下，一定数目的母牛就要配备一头公牛。为保证公牛品质，公牛的饲养环境要求苛刻，成本较高。对于没有公牛的饲养场，由于地域的限制其本交的成功率和成本都会受到影响。此外，本交还容易导致生殖道疾病和其他疾病的传播，这会严重影响母牛的受胎率和产仔数。

43. 现代肉牛繁殖技术及发展方向有哪些?

社会的发展推动了肉牛养殖业的进步，本交繁殖技术已经远远不能满足人们对肉牛量的需求。随着肉牛养殖规模的不断扩大，现代繁殖技术被不断创新和引入。目前常见的肉牛现代繁殖技术有：人工授精、同期发情、超数排卵和胚胎移植、体外受精和试管动物、体细胞克隆等。

44. 开展人工授精与冷冻精液技术的好处有哪些?

人工授精技术兴起于 20 世纪 30 年代，在 20 世纪 60—70 年代，在我国得到了广泛的推广。这种技术需要将优良公牛的精液预先储存，在母牛适配期内，利用非自然交配的方式，将优良公牛的精液间接地导入母牛子宫，从而达到使母牛受孕的目的。使用人工授精技术，大大提高了优秀种公牛的使用率，这项技术使我国的肉牛繁殖能力提高到一个新的层次，其不仅适用于散户饲养，也适用于规模化的肉牛饲养，这对我国肉牛业的发展起到重要的推动作用。人工授精技术可以提高优良种公牛的配种效能和种用价值，扩大配种母牛的头数，加速牛品种改良，促进育种工作进程；克服了公、母牛体格差异造成的交配不易，利用人工采精和输精的方式增加了公牛和母牛的选择性，在很大程度上降低了本交容易导致生殖道疾病和其他疾病传播的概率。另外，人工授精技术中的冻精技术打破了公、母牛交配所受的地域限制，增加了各个养殖场之间的交流，不但减少了公牛整体的饲养数量和费用，而且可以充分利用优良公牛的遗传资源，提高母牛的受胎率。

45. 什么是同期发情技术以及其对肉牛养殖的意义？

同期发情又称同步发情，是人工授精技术之后发展起来的一个新的家畜繁殖技术，该技术是利用激素制剂人为地控制并调整一群母畜的发情周期，使之在预定时间内集中发情。母牛的发情周期由多种激素相互调节控制，包括下丘脑分泌的促性腺激素释放激素，垂体分泌的促卵泡素和促黄体素，卵巢分泌的雌激素、孕激素，抑制因子和其他的一些因子和子宫分泌的前列腺素。同期发情的处理方法主要可以分为两类：可以通过诱导融解黄体作用的药物使发情周期的黄体期缩短，促使新的卵泡出现，从而缩短发情期；也可以通过利用孕激素类物质处理动物延长黄体期，延长发情期。同期发情技术在 20 世纪 60 年代开始得到人们的认识和研究，在 20 世纪 70 年代才开始逐渐应用于实践。当时我国的养牛业正处在从散户饲养到规模化养殖的过渡时期，同期发情技术的同期化处理使规模化养殖成为可能。同期发情技术的处理方法也在随着社会的发展不断地得到了改进和创新。目前，同期发情技术广泛应用于各大牛场。因此，可以说同期发情技术是肉牛饲养史上从散户饲养到规模化饲养转变的体现。利用同期发情技术，可以使母牛大部分个体在预定的时间内集中发情、集中配种、集中妊娠和集中分娩，这样使母牛产下的后代年龄整齐，饲养可以实现同期化，大大节约了管理时间、管理人员以及管理费用。同期发情技术适用于规模化和集约化的肉牛饲养，其极大地提高了肉牛饲养的管理水平，但肉牛的繁殖能力则没有发生本质上的改善。因此，在实际肉牛饲养过程中，同期发情技术多与人工授精等技术联合使用，在提高繁殖能力的同时，对肉牛进行集中管理，增加经济效益。

46. 超数排卵和胚胎移植技术在肉牛生产中的使用和意义有哪些？

超数排卵技术是现代肉牛繁殖的又一新技术。这一技术在扩大优秀母畜的作用上发挥了重要作用。它是在母牛发情周期的适当时期，应用外源性促性腺激素诱发卵巢多个卵泡发育，可以促进母牛排出多个具有受精能力的卵子。但值得注意的是，牛为单胎动物，并且极易发生难产，所以在实际应用的时候并不主张通过增加母牛怀胎数目来增加牛群整体的繁殖能力，而是结合胚胎移植技术，利用优良母牛超数排卵得到的卵子，通过受精得到的胚胎被移植到同种的、生理状态相同的其他雌性动物体内，使之继续发育为新个体。因此，超数排卵被普遍当作是胚胎移植技术中的一个必要的环节。在我国肉牛饲养中，胚胎移植技术已经发展成熟，并逐步实现了商业化应用。相对于同期发情和人工授精技术，胚胎移植技术使人类由被动地饲养肉牛转向了主动地生产肉牛，是现代畜牧业中又一次巨大飞跃，其充分发挥优良母畜繁殖潜力，并代表了我们国家科技的发展水平。超数排卵和胚胎移植技术一方面人为增加了母牛产生的可受精卵子数目，因而增加了后代群体数目；另一方面通过在体外鉴定胚胎的活性，增加了母牛的受孕率和产仔率。此外，胚胎移植还可以选择性地对一头母牛植入 2 枚胚胎，进一步增加了胎儿的成活率，同时也进一步提高了母牛的产仔率。

47. 胚胎切割与冷冻技术在肉牛生产中的使用和意义有哪些？

牛的胚胎分割是牛胚胎工程技术的组成部分，是通过对胚胎显微操作，一分为二、一分为四或更多人工制造同卵双胎或同卵多胎的方法。胚胎分割是扩大胚胎来源的一条重要途径。可获得一卵双生或多生，避免牛的异性孪生不育。通过分割胚的冷冻保存，可先移植一半，另一半冷冻保存，待移植的那半胚产仔证实是优秀的个体后，再将冷冻保存的半胚解冻和移植。胚胎分割为性别鉴定也提供了可能性。通过胚胎分割而产生的同卵双生后代，四分胚在牛也相继取得成功。胚胎冷冻保存一般是指在干冰和液氮中保存胚胎。其最大优点是胚胎可以长期保存，而对其活力无影响。牛的胚胎冷冻技术体系已经建立，冷冻胚胎分割在肉牛养殖上也已取得成功。

48. 体外培养和体外受精在肉牛生产中的使用和意义有哪些？

体外受精技术是在人工控制的环境中完成精子和卵子的结合，从而达到畜群快速扩繁的目的。20 世纪 80 年代体外受精技术开始获得成功，其中在以牛为代表的家畜中迅速发展。体外受精不仅成本低廉，而且效果稳定。其包括卵母细胞和精液的采集、体外受精和胚胎培养等过程。由于雌性动物的特殊性，卵母细胞的采集相对比较复杂，其通常包括三种方式：超数排卵、从活体卵巢中或从屠宰后的家畜卵巢上采集卵母细胞。对于超数排卵所得到的卵母细胞不需要进一步培养就可以直接进行授精，然而对于未成熟的卵母细胞而需要进一步体外培养。精液的获得较为简单，通常在获得后用肝素和钙离子载体对其处理使精子获能，与成熟卵子共同培养使卵子受精进行后续的筛选和培养。但体外受精受外界环境影响较大，其受精效率较低；并且成熟卵子和胚胎发育的分子机制目前还不清楚。因此，对分子机制的研究以及与其他生物技术结合成为提高体外受精效率的必经之路。

49. 性别鉴定与性别控制在肉牛生产中的使用和意义有哪些？

家畜早期性别鉴定和性别控制在畜牧业的发展中具有重要的意义，它可以有目的地对畜群结构进行控制，减少资源浪费，因此在畜牧业中广泛应用。早期胚胎鉴定的方法很多，主要包括：细胞遗传学方法、生物化学方法、免疫学方法和分子生物学方法。PCR技术在早期胚胎的性别鉴定中具有重要的作用，其根据Y染色体特异序列设计引物，根据PCR扩增产物的分型状况对早期胚胎性别进行判断。这种技术具有操作简单，成本低廉，结果准确的特点。除此之外，人们可以通过对精液进行处理，来实现对性别进行控制的目的。性控精液的出现推动了畜牧业的发展。其结合超数排卵和胚胎移植技术，可以使畜群的遗传率提高0.4%~1.4%。对青年的母畜输入X精子可以大大地降低难产率，并且这项技术的生物安全系数较高。性控精液在养牛产业中的应用价值很高，利用这项技术可以使母牛的出生率达到90%以上，从而促进养牛业的快速发展。

50. 人工诱导双胎技术在肉牛生产中的意义有哪些？

牛是单胎动物，在自然状态下，牛的双胎率为0.5%~4.5%，自20世纪30年代以来，国内外学者利用各种途径展开了对人工诱导母牛双胎的研究。尤其是近年来随着人们对母牛繁殖机理研究的深入和胚胎生物技术的快速发展，人工诱导母牛双胎已成为可能。在这一方面，我国的科研工作者也做了很多方面的研究与探索。有研究认为母牛经孕马血清促性腺激素+甲状腺激素+促性腺激素处理后，黄牛的受胎数和受胎率、妊娠双胎数、妊娠多胎数都明显地增加了。应用胚胎移植诱导双胎可以使一头母牛的繁殖力提高一倍，母牛产犊效率提高，降低了每头犊牛的成本，对于发展肉牛业具有重要的意义。

51. 牛的体细胞克隆技术在肉牛生产中的应用和意义有哪些？

体细胞克隆技术是现在生物学发展的重要产物，其通过将一个二倍体细胞核移入一个去核的卵细胞，在特定的条件下进行核卵重组，然后植入代孕母体中发育成新个体。近年来，在牛体细胞克隆方面进行了大量研究，并且将体细胞克隆技术与转基因结合起来，已取得了许多可喜的成果，生产出转基因牛，加快了牛育种的进程。由于供体细胞可以为高度分化的体细胞，体细胞克隆资源充足。但体细胞克隆对环境及生物技术要求较高，操作过程复杂，并且成本较高，很难在实际生产中实现规模化生产。2003 年我国成功利用体细胞克隆技术生产了 3 头克隆牛，标志着我国的生物技术在畜牧业的应用登上了新的台阶。但实现体细胞克隆技术在畜牧业中的广泛应用还需要对操作过程进行进一步的优化，使其适应工厂规模化的操作。

52. 干细胞与性细胞诱导技术在肉牛生产中的应用和意义有哪些？

干细胞是没有充分分化，具有再生成各种组织器官潜能的体细胞。对于哺乳动物而言，其分为两大类：成体干细胞和胚胎干细胞。通过对干细胞和性细胞的诱导，使其按照人们的意愿进行分化和结合，并最终发育成为完整的个体，这极大地体现了人类通过生物技术对生物的调控能力。但目前，对干细胞诱导的研究还处于初步阶段。干细胞诱导分化的分子机制尚不明确，并且干细胞诱导分化的重复性差、稳定性低，对环境及诱导剂的要求较高。目前，将细胞诱导技术应用到畜牧业的生产中还很难实现。但这为畜牧业的发展提供了方向，增强了人类对畜产品需求的潜在主动性。

53. 现代肉牛繁殖技术（胚胎生物技术）在未来肉牛生产中会怎样？

胚胎生物技术是指对卵子、精子和胚胎在体外条件下进行的各种操作和处理。除上述有关精子冷冻、胚胎切割、冷冻保存外，还出现了卵子的体外培养和体外受精、性控精液、体细胞克隆等技术，这些高新技术近几年来一些已应用于肉牛的繁殖实践，一些可以最大限度地挖掘动物的繁殖潜力，可以预测这些技术的应用将为人类创造更大的效益。我国肉牛业近几十年发展迅速，目前产肉量已经跻身世界前三，其在我国农业发展中占有重要的地位。繁殖技术作为肉牛生产的核心技术，随着社会的发展将会不断的改进和创新，将会有更多的繁殖新技术应用到肉牛生产中。从最原始的本交到目前广泛应用的人工授精、同期发情、超数排卵和胚胎移植等现代繁殖技术，逐步突破了公、母牛的生理阻隔，使肉牛的生产从被动饲养肉牛到主动生产肉牛。试管牛突破了体内受孕的限制，克隆牛突破了生殖细胞的限制，为肉牛的生产开辟了新的途径并提供了丰富的来源。转基因牛可以打破个体甚至是物种的限制，为生产优良肉牛提供了又一次质的飞跃。虽然这些技术还没有充分应用到肉牛的实际生产中，但这些技术预示着肉牛繁殖技术将在不久的将来会有一次巨大的转折，新的肉牛繁殖技术将会使肉牛产业从生产肉牛转向制造肉牛，将会对肉牛业的发展起到巨大的推动作用。

54. 肉牛养殖场建立养殖档案有何意义？

建立养殖档案，是把肉牛场生产管理当中真实的数据记录下来，通过对这些数据的统计、分析、总结、研究，使管理者对肉牛场有一个更全面、更系统、更详细、更深入的了解，为肉牛场总结经验、科学决策奠定坚实基础。同时也为政府对重大动物疫病进行有效防控，依法科学使用饲料、兽药，切实保障畜禽产品质量和安全提供有效监管和追溯依据，所以，档案管理无论对企业还是对政府管理部门而言，都具有十分重要的意义。

55. 如何建立养殖场的养殖档案？

根据《中华人民共和国畜牧法》的要求，养殖场应建立完备的养殖档案，详细列明：

①畜禽的品种、数量、繁殖记录、标识情况、来源和进出场日期。

②饲料、饲料添加剂、兽药等投入品的来源、名称、使用对象、使用时间和用量。

③检疫、免疫、消毒情况。

④畜禽发病、死亡和无害化处理情况。

⑤国务院畜牧兽医行政主管部门规定的其他内容。

56. 常用的养殖档案有哪些？

免疫记录、兽药出入库及使用记录、饲料出入库及使用记录、消毒记录、诊疗记录、病死畜处理记录、引种及配种记录、生产记录、系谱记录等。

57. 建立肉牛系谱档案有何意义?

系谱记录是保障育种工作的重要内容，完整的系谱档案记录是选种选配工作的基础。我国的肉牛群体较大，饲养较为分散，牛的市场流动性较大，系谱记录档案不全或丢失，品种选育与育种工作相对滞后。现阶段，肉牛规模养殖繁育场已逐步建立健全系谱记录管理制度。系谱选择常用于对小牛的选择，用时要考察其父母、祖父母及外祖父母的生产性能，确保提高选种的准确性。审查系谱时，肉牛的双亲及其祖代的审查，重点在各阶段的体重与增重、饲料报酬及与肉用性能有关的外貌表现，同时查清是否携带致死、半致死等不良基因。

第五章

不同时期肉牛饲养管理

58. 肉牛育肥的目的是什么？育肥时需要注意哪些问题？

肉牛育肥的目的是增加屠宰牛的肉和脂肪、改善肉的品质。从生产者的角度而言，是为了使牛的生长发育遗传潜力尽量发挥完全，使出售的供屠宰牛达到尽量高的等级，或屠宰后能得到尽量多的优质牛肉，而投入的生产成本又比较适宜，要达到此目的应做好以下几方面工作：①提高肉牛饲养水平；②加强肉牛舍饲期间的管理；③掌握肉牛疫病的预防措施。

59. 一般情况下从哪些方面提高肉牛饲养水平？

应采取统一供应饲料、集中育肥的方法，日粮投入的营养浓度大，粗饲料主要以羊草及苜蓿草混和牧草为主。一些牧场利用草地放牧与舍饲育肥相结合的方法进行肉牛育肥，肉牛采食饲料品种多，营养完善，肉牛日增重高，经济效益好。而我国肉牛饲养及育肥多以舍饲为主，饲料品种比较单一，由于饲养条件限制，基本是有什么喂什么。尤其在北方地区，粗饲料主要以干玉米秸为主，粗纤维含量多，可消化值低，影响肉牛育肥效果，使得部分育肥牛日增重低，生长发育慢，出栏体重小，胴体重不及养牛业发达国家的1/2。由于饲养管理及营养条件所致，肉用繁殖母牛营养及膘情差，使母牛发情排卵时间延迟，繁殖率低。所以，无论育肥牛还是繁殖母牛，均应按饲养标准给料，科学饲养，保证肉牛正常生长发育。

60. 如何加强肉牛舍饲期间的管理？

为了提高育肥效果，在肉牛饲养管理方面，应做到尽量减少肉牛活动范围，每头育肥牛拴系两根头绳，分别系在两侧料槽上，头绳长度应在 1 米之内。此外，肉牛饲养最适合的环境温度为 10~15℃，根据实际情况，将温度控制在 0~25℃，育肥牛生长发育不会受到影响。北方地区冬季寒冷期长，平均气温在零下的时间长达 7 个多月。所以，采取塑料棚舍饲养育肥牛进行保温防寒，提高肉牛生产经济效益。南方地区，由于夏季经常处于高温高湿的季节，饲养育肥牛应采取加大牛舍通风量、利用风扇排风降温等措施进行防暑更显得非常必要。最后，肉牛舍必须经常保持清洁，每天应不定期清理牛粪尿，减少污染，降低湿度，若不能及时清理，也必须保证两次以上，使牛只能在良好的卫生环境中发育生长。坚持经常刷拭牛体，保持肉牛卫生。饲养场入口应设消毒池，院内经常保持环境卫生，粪便放在下风头堆积发酵，进行无公害处理。

61. 为什么要注重肉牛围产期的饲养管理？

肉牛围产期是指分娩前 15 天至分娩后 15 天。这一时期，肉牛经历了巨大的生理和代谢变化，经过妊娠、分娩、泌乳、日粮结构的反复变化等一系列的应激反应，肉牛机体抵抗力下降，发病率和死淘率增加。因此，围产期是整个肉牛饲养周期中最为关键的时期，饲养管理的好坏不仅关系到围产期母牛和犊牛的健康，甚至影响母牛再生能力及终生繁殖能力，直接影响养牛户的经济效益。但在实际调研中发现，大多数养牛户对围产期的生理代谢变化认识不足，严重忽略围产期肉牛的饲养管理，导致机体健康和繁殖性能低下，影响肉牛生产性能。

62. 肉牛围产期生理特点主要有哪些？

（1）内分泌变化特点

胎儿生长发育大部分在妊娠后 1/4 阶段形成，同时，肉牛围产期要经历“干奶—分娩—泌乳”这一过程，肉牛的内分泌状态发生急剧变化为分娩和泌乳做好准备。血浆雌激素分泌可抑制肉牛食欲，降低干物质采食量。妊娠早期血浆雌激素维持在较低水平，妊娠末期升高，但分娩时立即下降。高浓度的孕酮有利于维持母牛妊娠，最高可达到8纳克/毫升，分娩前1天可降到无法检出的水平，从而刺激泌乳。催乳素刺激乳腺发育，在分娩当天上升，分娩后恢复到原有水平，从而促进初乳迅速合成。

（2）能量代谢变化特点

肉牛的能量代谢不同于单胃动物，机体自身不能合成利用葡萄糖，体内90%的葡萄糖靠糖异生供给，能量代谢主要靠瘤胃微生物发酵碳水化合物产生的乙酸、丙酸、丁酸等挥发性脂肪酸供能。围产期由于妊娠后期胎儿迅速增大，腹腔脂肪蓄积压迫瘤胃，造成瘤胃容积变小，以及分娩时受到应激、疼痛、激素分泌的改变，日粮结构反复变化使瘤胃微生态平衡遭到破坏等因素，导致肉牛在围产期干物质采食量急剧下降30%，并保持在较低水平。而此时由于胎儿迅速生长和分娩后泌乳的需要，机体对能量的需求逐步增加，导致能量需求与供给不平衡，使肉牛出现严重能量负平衡。

（3）瘤胃功能变化特点

瘤胃微生物的数量和种类受日粮结构和组成的影响。围产前期母牛日粮以粗饲料为主，其中，中性洗涤纤维含量高，易消化淀粉含量低，此时，瘤胃内环境适合纤维分解菌和甲烷产生菌的生长，纤维分解菌促进粗饲料利用，而甲烷分解菌导致甲烷产生量增加，降低日粮能量利用率。随着干奶期粗饲料采食量的加大，丙酸的生成量逐步减少，而丙酸能刺激瘤胃乳头状突起生长，导致瘤胃乳头状突起萎缩和瘤胃黏膜吸收挥发性脂肪酸能力下降。围产后期肉牛日粮逐渐向高精日粮过渡，此时，中性洗涤纤维含量低，易消化淀粉含量高，淀粉分解菌、产乳酸菌快速繁殖产生大量乳酸，丙酸生成量增加，瘤胃乳头状突起逐渐生长。

63. 围产前期的饲喂需要注意哪些问题？

围产前期胎儿生长发育较快，乳腺迅速发育，日粮结构以青贮、青干草为主，适当搭配精饲料。若粗饲料以玉米秸秆、稻草为主，应搭配豆科牧草，并补充添加维生素 A，确保日粮营养对胎儿发育、乳腺及产后泌乳有促进作用。日粮干物质采食量应占体重的 2.5%~3.0%，精饲料的饲喂量要逐步增加，但日最大饲喂量不宜超过母牛体重的 1%。由于纤维分解菌适应日粮变化较慢，易造成瘤胃内乳酸累积，引发瘤胃酸中毒。因此，要做好日粮过渡，缓慢调节瘤胃内微生态平衡，使母牛逐步适应产后高精料的饲养方式，减少产后代谢疾病的发生。母牛临产前 3 天，日粮中适量增加易消化、具有轻泻作用的麸皮，防止母牛发生便秘。

64. 围产前期母牛管理应该注意什么？

根据母牛配种时间算好预产期，并将准备好的产房和产栏做好清扫、清洗、消毒工作，为母牛提供舒适、卫生、安静的产犊环境。母牛临产前 1 周进入产房，单栏饲喂并让母牛自由活动，安排专人昼夜值班或 24 小时监控，防止母牛提前产犊造成不必要的损失。临产前对母牛尾部及后躯用 0.1%高锰酸钾溶液清洗消毒，场地要再次清扫、清洗、消毒，并铺上干垫草。

65. 围产后期的饲喂需要注意哪些问题？

围产后期由于母牛分娩时消耗大量体力，产后虚弱乏力，消化功能较弱，因此分娩后立即饲喂温热足量的麸皮盐水能起到暖腹、充饥、增加腹压的作用。同时，饲喂优质、嫩绿的干草 1~2 千克；产后 2~3 天，日粮以优质干草为主，补以少量玉米面和麸皮粥；

产后4~5天日粮可逐渐增加精料和青贮饲料；产后7天如母牛食欲良好、乳房水肿消失、粪便正常，可按照正常标准饲喂。饲喂过程中应逐渐增加精料饲喂量，不得超过日粮干物质的48%，以免引发酸中毒、皱胃移位等疾病。同时，日粮中补饲矿物质添加剂能预防软骨病、肢蹄病的发生。

66. 围产后期母牛管理应该注意什么？

分娩时要注意观察，尽量让母牛自然分娩。如遇难产时需在兽医的指导下用助产设备进行助产。母牛分娩后要及时清理脏物及污染物，更换垫草。同时，及时饮喂麸皮粥及盐水，并观察产道有无损伤、出血及产后胎衣脱落情况，有异常及时请兽医进行治疗。母牛产后每天用消毒水洗刷后躯，尤其是臀部、尾部、外阴部，避免生殖道感染。同时应加强乳房护理，如有水肿应及时热敷、按摩，促进水肿消失，防止乳腺炎。

67. 新生犊牛应该如何进行护理？

初生犊牛的护理主要包括黏液的清理和脐带的剪断、消毒。在犊牛出生后，为了防止犊牛吸入黏液而影响呼吸，应立即清理犊牛鼻腔、口腔以及周围的黏液。如遇到犊牛吸入黏液导致呼吸不畅，可将犊牛倒提，拍打其胸部、脊背，促使其将黏液排出；如果发现犊牛假死，可对其进行人工呼吸。脐带的剪断位置一般是距离犊牛肚脐的10厘米处，务必使用经过严格消毒的剪刀，同时，需要对伤口进行消毒处理，一般使用10%的碘酒进行消毒。犊牛出生后，剥去软蹄，务必详细记录犊牛的编号（打耳号）、体重、性别、身体情况等信息。犊牛站立时，要进行帮助，最后教其哺饮初乳。

68. 犊牛有哪些独特的生理特点？

犊牛的瘤胃还在发育中，因此其容积较小，肠道发育还不完善，其消化吸收能力较弱；在面对病原菌的感染上，由于犊牛免疫系统还不完善，极易发生疾病，影响犊牛的成活率；犊牛出生后，体温调节机能还在发育中，因此保温能力较弱，防寒能力较差，很容易发生疾病。另外，犊牛新陈代谢旺盛，生长发育迅速，犊牛体重从出生到 6 月龄几乎能增加 8 倍。

69. 初生期犊牛该如何饲养？

犊牛是指出生到 3 月龄或到 4~6 月龄的小牛。犊牛出生后 7~10 天以内称为初生期。肉用犊牛的哺乳可采取随母自然吸吮，哺乳犊牛的生长发育受母牛奶量的直接影响。自然哺乳一般于 6~7 月龄断奶。另外可采取人工哺乳的方法，引导犊牛由桶内哺饮母牛分娩 5~7 天以内产生的初乳。采用的方法是一只手持桶，另一只手中指及食指浸入乳中使犊牛吸吮。当犊牛吸吮指头时，慢慢将桶提高使犊牛口紧贴牛乳而吸吮，习惯后可将指头从口内拔出，并放于犊牛鼻镜上，如此反复几次，犊牛便会自行哺饮初乳。如果犊牛拒绝吸吮，可用胃管强制饲喂。初乳每天分 3 次饲喂，饲喂时的温度应保持在 35~38℃。在初乳期每次哺乳后 1~2 小时，应饮温开水（35~38℃）1 次。采用单栏露天培育的，寒冷天气要注意保暖。

70. 哺乳期犊牛该如何饲养？

犊牛经过 3~5 天的初乳期限之后称哺乳期。在犊牛舍集中饲养或在室外犊牛栏内，由人工辅助进行喂乳。在哺乳早期，犊牛最好喂其母亲的常乳，从 10～15 天开始，可由母乳改喂混合乳。在此期间应注意逐渐改变（过渡 4～5 天）。在精饲料条件较好的情况下可提前断乳，哺乳期 2 个月，其各龄犊牛哺乳量每天为：5～30 日龄 1.5 千克；31～40 日龄 1.25 千克；41～50 日龄 1.0 千克；51～60 日龄 0.75 千克。如果精饲料条件较差，可适当增加哺乳量并延长哺乳期。在精饲料条件特别差的情况下，整个哺乳期其哺乳量可增加到 300～500 千克，哺乳期延迟到 4～5 个月。在放牧条件下，如早春产犊，在北方草场还接不上青草，为了保证母牛的产奶量，需给母牛补饲 3～5 千克的青干草、5～10 千克的青贮、3 千克精料。待放牧返青后，犊牛跟随母牛放牧饲养，即可保证母牛的产奶量，也能促使犊牛采食青草。用牛乳代用品取代部分牛乳饲喂，一般牛乳代用品蛋白质含量不低于 22%，脂肪为 15%～20%，但粗纤维含量最多不超过 1%。代乳品还应含有一定量的矿物质和维生素等。此外，牛乳代用品在饲喂前，应用 30～40℃ 的温开水冲泡，代乳品与温开水的比例为 1.0：8.8（即干物质含量为 12%，与牛乳相当）。混合后的代乳品应保持均匀的悬浮状态，不应发生沉淀现象。

71. 犊牛早期补饲需要注意哪些问题？

犊牛从 7～10 天开始，在犊牛牛槽或草架上放置优质干草任其自由采食及咀嚼。犊牛生后 15～20 天开始训练其采食精料。初喂时，可将精料磨成细粉并与食盐及矿物质饲料混合，涂抹犊牛口鼻，教其舔食。最初每头喂干粉料 10～20 克，数日后可增到 80～100 克。待适应一段时间后，再饲喂混合“干湿料”，即将干粉料用温水拌湿，经糖化后给予，但不得喂酸败饲料。干湿料的给量随日龄渐增，2 月龄 250～300 克，5 月龄达 500 克左右。犊牛从 11 日龄开始，除喂全奶外，还可以饲喂营养完全的代乳料，尤其是含有 80%以上脱脂乳的代乳料，在这些代乳料中，应含有足够量的维生素。按照营养价值 1.2 千克的代乳料相当于 10 千克的全乳。从生后 20 天开始，在混合精料中加入切碎的胡萝卜。最初每天 20~25 克，以后逐渐增加，到 2 月龄时可喂到 1~1.5 千克。也可喂甜菜和南瓜等，但喂量应适当减少。从 2 月龄开始喂给青贮饲料。最初每天 100~150 克，3 月龄时可喂到 1.5~2.0 千克，4~6 月龄增至 4~5 千克。最初需饮 36~37℃ 的温开水，10~15 天后可改饮常温水，5 月龄后可在运动场水池贮满清水，任其自由饮用，水温不宜低于 15℃。每天补饲抗生素，30 天后停喂。

72. 犊牛出生后的饲养管理应该注意哪些问题？

犊牛在出生后 30 天内应去角。犊牛在哺乳期内应剪除副乳头，适宜的时间在 4~6 周龄。每次用完哺乳用具，要及时清洗消毒。饲槽用后要刷洗，定期消毒。每次喂奶完毕，用干净毛巾将犊牛口、鼻周围残留的乳汁擦干。犊牛出生后应及时放进育犊室（栏）内，育犊室（栏）大小为 1.5~2.0 平方米，每犊 1 栏，隔离管理。出产房后，可转到犊牛栏中，集中管理，每栏可容纳犊牛 4~5 头，或用带有颈枷的牛槽饲喂，另设容纳 4~5 头犊牛的卧牛栏，牛栏及牛床均要保持清洁、干燥，铺上垫草，做到勤打扫、勤更换垫草。牛栏地面、本栏、栏壁等都应保持清洁、定期消毒。舍内要有适当的通风装置，保持舍内阳光充足，通风良好，空气新鲜，冬暖夏凉。每天至少要刷拭犊牛 1~2 次。刷拭时以使用软毛刷为主，必要时辅以铁篦子，但用力宜轻，以免刮伤皮肤。如粪便结痂黏住皮毛，需用水润湿软化后刮除。

73. 犊牛生长环境卫生应该怎样管理？

做好犊牛圈舍和运动场的环境卫生对于犊牛疾病的预防具有重

要意义。要定期对犊牛圈舍进行清扫，包括地面、食槽、水槽等，保持圈舍的干净卫生，及时更换圈舍的垫草，尤其是硬化的垫料；做好圈舍的通风工作，保证圈舍的空气质量。夏季要注意圈舍的防暑降温和驱蚊虫工作，温度控制在 27℃以内；冬季要注意圈舍的保温工作，温度控制在 10℃以上。做好消毒工作，可以有效杀灭圈舍的病原菌和寄生虫，有效预防犊牛疾病的发生。在管理中，需要养殖人员定期根据季节及当地疫情选择合适的消毒剂对圈舍内外进行消毒。

74. 犊牛饲喂初乳应该注意什么？

初乳含有丰富的营养物质（蛋白质、脂肪、各种维生素等），是犊牛良好的食物。犊牛通过食用初乳，可以获得抗体，建立自身免疫系统，进而使犊牛对抗病原菌的能力增强，降低疾病的发生率。同时，初乳中大量的镁盐和磷酸盐还有利于犊牛排出胎粪。在初乳的饲喂上，应尽可能早的使犊牛吃上初乳，最好在出生后 0.5 小时内吃到初乳，如果犊牛在 24 小时内还未吃到初乳，则会大大降低犊牛的抵抗力，使其感染疾病的概率增加，严重时会引起犊牛的死亡。对于初乳的饲喂量，在犊牛第一次吃初乳时，应让其尽可能多吃，在接下来的管理中按照体重的 17%饲喂初乳，连续饲喂 7 天左右，每天 4 次。如果母牛不能提供母乳，则可选择与该母牛产犊日期相近的母牛的初乳来饲喂犊牛，也可选择冷冻初乳、人工初乳等来饲喂犊牛。

75. 犊牛断奶期间如何进行管理？

犊牛的生长过程中需要合理掌握断奶时间，由于犊牛断奶期体质较弱，需要按其体重、月龄以及采食量等综合确认断奶时间。犊牛提早断奶可有效降低养殖成本，同时，还能提高母牛繁殖率，对犊牛内脏消化器官发育较好。断奶标准为犊牛连续3天采食饲料超过500克，日增重超过600克，即可开始断奶。在犊牛断奶期间，需要保证其饮水充足，采食量充足，断奶后不可立即转群，防止犊牛产生应激反应。断奶初期，需要控制牛奶饲喂量，逐渐让犊牛吃草料，结合其营养需求，确认饲料投喂量，确保断奶期饮水量充足，并观察犊牛状态，防止断奶期因环境因素或营养不良导致犊牛患各类疾病。

76. 犊牛断奶后如何进行管理？

随着犊牛逐渐生长，在精饲料的饲喂量方面需要不断增加，在犊牛长至3~4月龄时，每天精饲料的投喂量可增加到1.5~2.0千克。与此同时，还需投喂优质干草，或者投喂苜蓿，供犊牛采食。需要注意，在犊牛4月龄之前，不可投喂青贮发酵饲料。犊牛断奶后需要做好相应管理工作，为防止犊牛个体存在过大差异，导致采食不均，可分群饲养，按照犊牛月龄、体重等，将体重相似、月龄相近的犊牛划分为一群，统一饲养，需要注意，每群犊牛数量需要在10~15头，着力控制饲养密度。此外，犊牛断奶后的管理，还需要关注饲料卫生、清洁、新鲜度等，及时清理牛舍，做好消毒工作，保持牛舍内部干燥、清洁，营造良好生长环境，保证犊牛健康。

77. 什么是育成牛？

育成牛是指处于7~18月龄内的牛，这个时期的牛生长发育较快，饲养管理对其发育有非常重要的意义。

78. 育成牛的饲养要点有哪些?

育成期是牛生长速度最快的阶段，尤其是处于6~9月龄的犊牛，日增重可以达到1千克左右。该时期瘤胃的发育也最快，可以多饲喂优质的粗饲料训练其瘤胃的功能，提升其采食量。瘤胃对牛的生长发育有重要的作用。滋养好瘤胃内环境，保持瘤胃内微生物的活性及其菌系的相对平衡，是养好育成牛的关键。在犊牛的饲料中可以添加一些益生菌，不仅能改善瘤胃内菌群的平衡，还能提升机体的代谢率和饲料的利用率，增强体质。通常青草和干草的饲喂量应控制为牛体重的2.5%。在提供足量粗饲料的同时，还要给牛提供足量的精料，其用量应该为3千克/头左右，但其中粗蛋白质的含量应不低于13%。日粮中还应有一定比例的青贮饲料，其使用的比例同干草的比例为（3~5）：1，此外饲料中还应含有足量的微量元素。这样才能满足犊牛的生长发育。牛的日增重不能过高，过高的增重会囤积大量脂肪，通常每天增重应保持在700~800克。

79. 育成牛的管理要点有哪些?

不同个体间有所差异，在饲养中应该采取相应措施进行调整，因此要求对育成牛进行分群饲养管理，按照日龄常将其分成2个群，12月龄前的育成牛为1个群，之后的为另1个群，群内牛的体重不能相差太大，以不超过30千克为宜，群体数量也不能过多，以50头左右为宜。每月要测量牛的体重和胸围等，如果发现其体况不达标，应该增加其饲料的饲喂量，以促进其生长。对体况超标的牛应该减少饲喂量，并加强运动，促进其恢复正常。这个时期的牛要采用定时饲喂的方式，这样能使其形成良好的条件反射，促进其在采食饲料后进行消化和吸收。通常育成牛每天饲喂3次，最佳饲喂时间是早晨 5:00 左右、中午 12:00 左右、下午 19:00 左右。饲喂时先喂粗饲料，后喂精饲料，要少量喂、勤添加。育成牛在 9 月和 12 月要进行驱虫。使用广谱、低毒的驱虫药物进行驱虫。要给牛提供良好的环境，保持舍内的清洁卫生，根据消毒程序定期对牛舍进行消毒，以便清除周围环境中的病原微生物。在不同季节，牛舍要有相对恒定的适宜温度。在夏季要做到防暑降温，冬季要做到防寒保暖，舍内的空气保持新鲜，具有良好的通风设备。牛要有适宜大小的运动场所，应达到每头牛占有不小于 3 平方米的场地，夏季由于太阳过于强烈，要搭建遮阳网。

80. 种牛饲养管理应该注意什么？

种母牛应该在 7~12 月龄时饲喂干草和青饲料，12~18 月龄时要补充精饲料和矿物质，精料占日粮的 25%左右。每天要进行运动和刷洗，正常在 14~18 月龄前达到适配体重。种公牛的日粮中，精饲料占有 40%左右的比例，其中蛋白质的含量不能低于 12%。上、下午各运动 2 小时左右。另外，还要每天对其进行刷洗 2 次，通常 18~24 月龄即可达到配种要求。种用育成牛饲养管理的目的主要是按时达到配种标准，预防过肥。

81. 育肥期避免牛剧烈活动的意义是什么？

在育肥阶段肉牛应该避免剧烈的活动，防止消耗自身热量。肉牛喂食后，可将其圈在休息栏内，为减少肉牛活动量，可以用不影响牛吃草、喝水或起卧的缰绳拴住肉牛。

82. 如何确保肉牛身体健康以达到更好的育肥效果？

养殖人员应时刻关注肉牛在育肥阶段的身体健康情况，做好与牛相关的日常清洁工作，保证牛圈卫生，牛在出栏后需要对牛舍进行彻底消毒不留死角，牛圈应该建在环境较为安静的地方，这样的环境更适合肉牛健康生长。除此之外，应重视肉牛防疫工作，养殖人员应结合地区具体状况和流行病传播的条件，对养殖场的防疫程序进行合理规划，并有效落实。

83. 育肥期怎样确保肉牛规范饲养？

为了保证肉牛规范饲养，应每天在规定时间对肉牛进行喂养，不可错过任何一次，每天喂量不可随意增减，尤其是精料量应该根据肉牛体重每 100 千克添加 1.0~1.5 千克精料。最好是固定人员对每头牛日常管理进行负责，从而准确掌握肉牛健康状况和精神状态，避免出现过多的刺激。每天在规定时间给肉牛的皮毛从前到后进行刷拭，促进血液循环，增加食欲，提升肉牛的采食量。肉牛在育肥阶段需要定期在早晨空腹进行称重，以便于养殖人员更加准确、详细地掌握育肥效果和肉牛饲料消耗速度。在饲养过程中应该注意观察肉牛的饮水、采食、反刍等情况，并观察其精神状态和粪尿是否正常。

84. 如何合理搭配肉牛育肥期的饲料？

在饲养育肥阶段的肉牛时，可饲喂其精料、糟渣料、青贮饲料和干草饲料，各类饲料都应按照要求的重量和比例均匀搅拌，然后饲喂。应用 TMR 机械进行搅拌，要保证机械开动超过 4 分钟；通过人工来搅拌饲料时应反复搅拌，搅拌至不能在饲料堆里分出各类饲料层次即可，肉牛在这样的情况下不会挑食，摄入营养充足，并且每头牛会吃到相同配料的饲料，能够整体提高育肥牛生长发育情况。

85. 肉牛育肥期干拌料和湿拌料应该如何搭配？

肉牛饲养处于育肥阶段时，可以向其饲喂湿草料和干拌料。最为理想的育肥牛食用的饲料应该是全株玉米青贮和糟渣饲料，所以饲喂肉牛时，应该结合相应比例称量饲料，并搅拌均匀，喂牛最好选择各类饲料混合物，含水量大约在 50%。育肥牛不应该食用干粉状的饲料，因为肉牛采食的同时会呼吸，极易吹起粉状料，影响自身呼吸。在育肥牛食用干拌料及湿拌料的混合饲料时，应该注意混合料的发酵以及产热情况，发酵和产热后饲料的适口性将降低，影响牛的采食量。针对这一情况，可进行少量多次的拌料方式，其标准是可以满足肉牛 5 小时左右的采食量。

86. 肉牛育肥期合理的投料方法是怎样的？

少喂勤添是投料应该坚持的原则，肉牛在食用饲料时会呈现出给得少、吃得快等特征。投料过程中可在食槽边放置调制好的饲料，这样的情况下，牛会出现争食但是不挑食和不厌食的状态，以此来增加肉牛的采食量。一般情况下，在早上肉牛的采食量会比较大，所以每天早上将饲料充足投入；在夏季白天受到高温影响，肉牛采食量降低，针对这一问题，可在较为凉爽时添加充足的饲料；肉牛在夜晚也可进食，在休息前饲养员可多添一些饲料。

87. 肉牛育肥期确保饮水的意义和方法?

育肥阶段肉牛要饮用充足的水，没有充足饮水，肉牛将呈现出反刍缓慢、食欲降低、精神状态不好以及皮肤干燥等状况，一般情况下一天需要饮 2~3 次水。寒冷冬季肉牛不可饮用有冰渣的冷水，保证其饮水卫生，避免被有毒、有害的物质污染。可在牛栏粪尿沟上方安装肉牛可以随时饮水的设备，流出水可以快速流到粪尿沟中，避免弄湿牛栏。

88. 肉牛育肥期饲料更换应该注意什么?

进行肉牛饲养时，很难使用相同饲料，不同饲料比例会按照牛体重来调整。在育肥阶段肉牛更换食用饲料频繁，这时要保证逐渐调整饲料，确保更换的合理性，避免扰乱肉牛采食习惯，饲料过渡在 6 天左右，利于肉牛慢慢适应新饲料。更换饲料过程中应该加强观察，在出现异常情况时应及时解决，避免损失饲料，甚至影响肉牛的健康。

89. 肉牛及时出栏的意义和方法?

在计划时间内出栏能够降低饲养成本，因为肉牛自身存在差异，生产中只通过年龄对肉牛育肥到期情况进行判断是不合理的，也应根据生长速度的快慢来判断。采食量测定法、定期称重法、观察法等是较为常用的方法。定期称重方法是间隔 120 天左右进行 1 次称重，在连续 3 次重量不产生大变化时，可视为育肥结束。

90. 肉牛育肥过渡阶段需要注意哪些问题？

过渡阶段肉牛大部分为 8~10 月龄，过渡期需要持续 3 个月左右。此阶段内饲养重点内容是在完成防疫、驱虫以及阉割等工作基础上，促使肉牛快速适应养殖环境、养殖方式以及饲料变化，促使其肠胃功能适当调整，避免出现因换料引起的应激问题影响肉牛发育。此阶段喂食饲料仍以青草为主，任其自由采食，适当搭配少量精饲料，此阶段内不宜喂食青贮料。过渡阶段的具体时间需要结合肉牛自身情况以及《肉牛饲养标准》决定，养殖人员在此期间需要注意控制，确保肉牛采食量保持在其自重的 1%以上，但不宜超过 1.5%。

91. 为什么育肥前要进行驱虫工作？

驱虫处理是育肥过渡阶段的关键性工作之一，如果肉牛体表存在寄生虫会影响肉牛进食及休息，进而导致育肥效果受到影响。如果肉牛体内存在寄生虫会掠夺其营养成分，甚至还会引发疾病，严重影响育肥效果，不仅会增加治疗成本，还会增加养殖成本，因此，要注意做好驱虫工作。在育肥前应使用驱虫药进行驱虫，例如敌百虫和螨净等。

92. 肉牛育肥前期需要注意哪些问题？

育肥前阶段肉牛基本为 10~15 月龄，育肥前阶段通常需要持续 5 个月左右。此阶段内饲养关键点是促进肉牛器官组织、骨骼以及肌肉快速增长，并促使肉牛逐渐适应精饲料喂养。此阶段肉牛发育较快，对于营养的需求量较大，养殖人员需要合理搭配精饲料和粗饲料，粗饲料主要以青干草和青贮料为主，需要注意的是青干草可以任其自由采食，青贮料要注意适当限制采食量。由于肉牛生长需要，在饲料中还需包含维生素、蛋白质以及矿物质等元素，因此，需要喂食一定量的精饲料，喂食精饲料时也任其自由采食，采食量控制在其自重的2%左右。精饲料与粗饲料的比例要随着肉牛生长不断调整，通常在育肥前阶段控制为1：1左右。

93. 肉牛育肥中期需要注意哪些问题？

此阶段需要持续6个月左右，此时肉牛基本为18~20月龄，其器官组织、肌肉、骨骼等已经生长发育成熟，因此，养殖人员需要注意适当控制粗饲料喂食量。此阶段粗饲料采食量以及质量都需要调整，不再任其自由采食，并且需要将青干草以及青贮料改为稻草或麦草。同时要注意适当增加精饲料喂食量，使其逐步适应精饲料喂食，精饲料仍任其自由采食。

94. 肉牛育肥后期需要注意哪些问题？

育肥后期阶段需要持续7个月左右，此时肉牛月龄基本在24~26月龄，此阶段也是肉牛成熟期，肉牛生长发育比较缓慢，日增重逐步下降。此时养殖人员的主要目标不再是促使肉牛增重，需要将饲养的重点放在改善牛肉品质方面，注重增加牛肉的脂肪含量以及密度，这对于提升养殖效益极为关键。此阶段内精饲料的喂食量要进一步加大，提升到肉牛日进食量的70%以上，尤其是在出栏前的2~3个月，需要适当增加饲料中维生素D与维生素E的含量，以提升牛肉品质。

95. 育肥牛为什么要分群饲养？怎样分群？

分群主要是为了便于养殖人员管理，一定程度上可以提升肉牛出栏率。在肉牛 6 个月龄左右分群，根据肉牛生长发育情况、性别、体重等因素合理分群。在过渡阶段结束后，需要再次分群，由大群逐渐向小群转化，此后不再分群，同时要尽量避免转群，以免出现应激反应。小群通常需要控制为 7 头左右，且只出不进，如果需要转群，通常选择在傍晚时分进行，转群结束后注意马上关灯，避免牛群出现打斗情况。

96. 适量运动对育肥牛有什么好处？

在育肥期要使肉牛每天都保持适量运动，这不仅有助于肉牛保持健康，同时也能改善牛肉品质。要控制肉牛运动量，不能因运动过量导致营养被大量消耗，导致育肥效果不理想，建议可以采用圈养或者木桩拴系的方式，限制肉牛活动范围。

97. 如何确保牛舍卫生以达到良好的育肥效果？

在肉牛育肥期要特别注意环境卫生，为肉牛生长发育提供良好环境，牛圈要保持干燥、清洁，温湿度要适宜。每天要及时清理牛圈，包括牛床以及食槽，定期全面消毒，同时要注意牛圈通风换气，保持空气质量良好。保持良好的环境卫生可以有效避免肉牛在育肥期间患疾，确保育肥效果良好。

98. 育肥牛疾病预防的意义是什么？

肉牛的育肥期比较长，在此期间如果患上疾病会严重影响其生产发育，导致出栏时间延后，从而影响养殖效果，因此，养殖人员平时要注意做好疾病预防工作。平时除了保持环境卫生以外还要注意对养殖区域定期进行全面消毒，注意观察肉牛平时的状态，发现异常情况要及时进行隔离与诊治，避免疾病扩散。同时要注意适时接种疫苗，提高肉牛的抗病能力，确保肉牛健康生长发育。

99. 肉牛泌乳期应该注意哪些问题？

肉牛泌乳期的营养需要根据肉牛的机体不同而有差异。泌乳时期的肉牛其自身代谢规律的个体差异，导致其采食量和产奶量都会有一定的变化。肉牛在泌乳的早期、中期和后期，对营养的需要也各不相同。

100. 泌乳早期需要注意什么？

泌乳早期是指母牛在产后的 15～17 周内。大概有 50%的产奶量都是在产后 4 个月以内生产出来的。该时期的主要特点就是肉牛的乳房开始软化，肉牛体内的催乳激素分泌量此时也会大量增加，这就使得肉牛自身的乳腺机能变得很旺盛，同时产乳量也会迅速增加，肉牛的食欲渐渐地恢复正常，这时养殖户需要将肉牛的饲料供应量适当地增加一些。通常情况下，肉牛的产乳量在产后的 6～8 周达到高峰，但是肉牛的采食量达到高峰则是在产后的 11～12 周，产乳量的高峰与采食量的高峰相间隔的时间大概为 4 周左右。这期间需要及时对肉牛进行配种。但是，由于这个时期泌乳能量的消耗比较大，因此肉牛的体重会明显下降。所以，必须严格按照肉牛的饲养管理要求进行科学饲养，这样才能确保肉牛的产奶量，同时还能够更好地避免肉牛失重并顺利受孕。

101. 泌乳早期营养搭配需要注意什么？

一般情况下，肉牛对饲料营养的需求比较大，特别是产乳高峰期与采食量高峰期两者不同步时，很容易造成肉牛的营养负平衡。另外，基于肉牛自身机体组织合成蛋白质的效率比较低，很容易造成机体消耗更多的蛋白质组织，所以在肉牛泌乳的早期，养殖户需要在饲料中添加较多的蛋白质。

102. 泌乳早期应该如何饲喂？

肉牛产犊之后需要每天在原饲料的基础上添加 0.3~0.5 千克精饲料，一直到肉牛的泌乳量不再提高为止。粗饲料与精饲料的比例需要按照干物质的 60%和 40%搭配，最高可达 70%和 30%。通常情况下，为了更好地保证肉牛足够的产奶量，养殖户需要每天给肉牛饲喂 15 千克左右的饲料，这样才能够更好地保证肉牛每天的能量需要。同时还需要注意，肉牛饲料中的蛋白质含量不能低于 16%，粗纤维含量不低于 15%。如果条件许可，养殖户可以在饲料中添加适当的瘤胃降解药物。如果养殖户是以玉米作为主要青粗饲料，需要每天给肉牛补偿 3 千克左右的优质青干草，这样才能更好地保证肉牛泌乳的乳脂率水平。

103. 泌乳中期需要注意什么？

泌乳中期是指肉牛产后的 15~35 周。这个阶段对肉牛的饲养管理重点是尽量延长肉牛泌乳的高产期，这样才能更好地保证肉牛拥有较高的产奶量。在肉牛产后的 20 周，肉牛会进入泌乳稳定期，这个时期通常会维持 9 周左右。第 26 周之后肉牛的泌乳量会渐渐下降。泌乳中期可以说是肉牛整个泌乳期中肉牛摄食量最多的一个时期，因此这个时期也是肉牛体质恢复最佳的时期，肉牛的体重会大幅度增加。实践证明，体重增加多的肉牛其产奶量比体重增加少的肉牛产奶量要高。因此，科学饲养不但可以更好地提升肉牛的产奶量与机体营养状态，而且还可以促进肉牛的配种和胎儿的正常发育等。如果肉牛的产奶量下降，需要适当地减少精料饲喂量，增加粗饲料饲喂量。

104. 泌乳后期需要注意什么?

泌乳后期主要是指肉牛干奶前的2个月。在肉牛泌乳的后期,胎儿的发育很快,这时肉牛也需要大量的营养物质,以更好地满足胎儿的生长发育需要。肉牛泌乳早期失去的体重通常会在泌乳后期得到弥补,这就要求饲养者采取精细的饲养管理措施,科学搭配饲料,尽力保证肉牛拥有较高的产奶量。肉牛每天的饲料中至少要含有12%的蛋白质,另外还要适量添加尿素或者其他非蛋白氮。这一时期肉牛的精料饲喂量需要适当地降低,大概降至6千克左右。养殖户要尽可能地在肉牛饲料中添加优质的饲料原料,以保证营养充足而均衡,满足肉牛泌乳的需要。

105. 哺乳期母牛的饲养管理注意事项有哪些?

母牛在分娩后即进入哺乳期,母牛分娩后的护理工作非常重要,对母牛的繁殖性能影响很大,所以要做好接产工作以及产后的护理工作。在产前的半个月就要将母牛转入产房,让其提前适应环境,在分娩时要尽量让母牛自行生产,不可盲目助产,但是对于初产母牛以及产程较长或出现难产时则要及时地进行助产,以保证胎儿存活。母牛在生产后体力消耗较大,体液的损失也较大,此时要及时给母牛饮用麸皮食盐汤,以维持体内酸碱平衡,增加腹压、恢复体力。在母牛分娩后要注意观察母牛的状态,观察胎衣是否完全排出,对于胎衣没有完全排出的母牛要及时处理,如果24小时后胎衣还不排出则为胎衣不下,要对症进行治疗。产后还要观察母牛恶露的排出情况。母牛在分娩后的最初几天消化机能还未恢复,所以要提供易于消化的日粮,粗饲料主要以优质干草为主,粗料的饲喂量要少，以后可以每天逐渐增加，3~4 天后可转为饲喂正常日粮。注意母牛在恶露未排净前不可以饲喂过量的精料，否则会影响生殖器官的恢复以及产后发情。母牛在分娩后的 2 周内体质较弱，不可过度劳累，2 周后随着泌乳量的增加，饲喂量要充足，并且粗饲料的种类要多样化，以保证营养充足、全面。母牛分娩的 3 个月后，泌乳量会下降，要减少混合精料的饲喂量。

第六章

肉牛场消毒技术

106. 肉牛养殖场常见消毒方法有哪些?

养牛过程中最重要的工作就是养牛场的消毒工作，消毒工作的好坏，直接影响着肉牛患病概率的高低，那么也就影响着养牛场养殖效益的高低，所以做好养牛场的消毒工作非常重要。

消毒是指用物理的、化学的或生物的方法清除或杀灭畜禽体表及其生活环境和相关物品中的病原微生物的过程。消毒的目的主要是切断传播途径，预防和控制传染病的传播和蔓延，从而保护畜禽免受病原微生物侵害，避免疫病的发生。常用的消毒方法有物理消毒法、化学消毒法和生物消毒法。

(1) 机械清除法

通过清扫、洗刷、通风及过滤等机械方法清除病原体。该方法虽说普通且常用，但达不到彻底消毒的目的，作为一种辅助方法，须与其他消毒方法配合进行。

(2) 物理消毒法

物理消毒法是利用物理因素杀灭或清除病原微生物或其他有害微生物的方法，用于消毒灭菌的物理因素有机械除菌、高温、紫外线、电离辐射、超声波、过滤等。常用的物理消毒方法有煮沸消毒、焚烧消毒、机械消毒、火焰消毒、阳光/紫外线消毒等。

※物理消毒法分类及步骤

(一) 煮沸消毒

大部分病原微生物在100℃的沸水中会迅速死亡。各种金属、木质、玻璃用具、衣物等都可以进行煮沸消毒。蒸汽消毒与煮沸消毒的效果相似，在农村一般利用铁锅和蒸笼进行。

(二) 焚烧消毒

焚烧是以直接点燃或在焚烧炉内焚烧的方法。主要是用于传染病流行区的病死动物、尸体、垫料、污染物品等的消毒处理。

（三）机械消毒

机械消毒是指用清扫、洗刷、通风和过滤等手段机械清除病原体的方法，是最普通、最常用的消毒方法。它不能杀灭病原体，必须配合其他消毒方法同时使用，才能取得良好的杀毒效果。

1. 操作步骤

（1）器具与防护用品准备

扫帚、铁锹、污物筒、喷壶、水管或喷雾器等，胶靴或鞋套、一次性或重复使用防护服、口罩、护目镜、橡皮手套、毛巾、肥皂等。

（2）正确穿戴防护用品。穿戴防护用品的顺序如下：

①用流水及肥皂或消毒液冲洗手，然后戴好口罩，压紧鼻夹，紧贴于鼻梁处。

②穿防护服时，按照顺序先穿下衣，再穿上衣、戴帽子、戴防护目镜，双手不要接触面部。

③套上鞋套或穿上胶靴。

④戴上乳胶手套，将手套套在防护服袖口外面。

（3）清扫

用清扫工具清除畜禽舍、场地、环境、道路等的粪便、垫料、剩余饲料、尘土、各种废弃物等污物。清扫前喷洒清水或消毒液，避免病原微生物随尘土飞扬。应按顺序清扫棚顶、墙壁、地面，先清扫畜舍内，后清扫畜舍外。清扫要全面彻底，不留死角。

（4）洗刷

用清水或消毒溶液对地面、墙壁、饲槽、水槽、用具或动物体表等进行洗刷，或用高压水龙头冲洗，随着污物的清除，也清除了大量的病原微生物。冲洗要全面彻底。

(5) 通风

一般采取开启门窗、天窗，启动排风换气扇等方法进行通风。通风可排出畜舍内污秽的气体和水汽，在短时间内使舍内空气清洁、新鲜，减少空气中病原体数量，对预防经空气传播的传染病有一定的意义。

(6) 过滤

在动物舍的门窗、通风口处安置粉尘、微生物过滤网，阻止粉尘、病原微生物进入动物舍内，防止动物感染疫病。

2. 注意事项

①清扫、冲洗畜舍应先上后下（棚顶—墙壁—地面），先内后外（先畜舍内、后畜舍外）。清扫时，为避免病原微生物随尘土飞扬，可采用湿式清扫法，即在清扫前先对清扫对象喷洒清水或消毒液，再进行清扫。

②清扫出来的污物，应根据可能含有病原微生物的抵抗力，进行堆积发酵、掩埋、焚烧，或采取其他方法进行无害化处理。

③圈舍应当纵向或正压、过滤通风，避免圈舍排出的污秽气体、尘埃等危害相邻的圈舍。

(四) 火焰消毒

火焰消毒是以火焰直接烧灼杀死病原微生物的方法，它能很快杀死所有病原微生物，是一种效果非常好的消毒方法。

1. 操作步骤

(1) 器械与防护用品准备

火焰喷灯、火焰消毒机等，一次性或重复使用防护服、口罩、帽子、手套等。

(2) 穿戴防护用品

穿好防护服，佩戴好口罩、帽子和手套。

(3) 清扫(洗)消毒对象

清扫畜舍水泥地面、金属栏和笼具等上面的污物。

(4) 准备消毒用具

仔细检查火焰喷灯或火焰消毒机，添加燃油。

(5) 消毒

按一定顺序，用火焰喷灯或火焰消毒机进行火焰消毒。

2. 注意事项

①对金属栏和笼具等金属物品进行火焰消毒时不要喷烧过久，以免将被消毒物品烧坏。

②消毒时要按顺序进行，以免发生遗漏。

③火焰消毒时注意防火。

(五) 阳光、紫外线消毒

阳光是天然的消毒剂，一般病毒和非芽孢性病原菌在直射的阳光下几分钟至几小时可以被杀死，阳光对于牧场、草地、畜栏、用具和物品等的消毒具有很大的实际意义，应充分利用；紫外线对革兰氏阴性菌、病毒效果较好，对革兰氏阳性菌消毒效果次之，对细菌芽孢无效，常用于实验室消毒。

(3) 化学消毒法

化学消毒是指应用各种化学药物抑制或杀灭病原微生物的方法。化学消毒是最常用的消毒法，也是消毒工作的主要内容。常用的化学消毒方法有刷洗、浸泡、喷洒、熏蒸、拌和、撒布、擦拭等。用化学药物杀灭病原体是最为常用的方法。选用消毒药物应考虑杀菌广谱，该药物具有使用方便、价廉、易于推广、有效浓度低、作用快、效果好、无臭、无味、不损坏被消毒物品，对人畜无害、性质稳定、易溶于水，不易受有机物和其他理化因素影响，使用后残留量少或副作用小等特点。

※化学消毒法分类及步骤

(一) 刷洗

用刷子蘸取消毒液进行刷洗，常用于饲槽、饮水槽等设备及用具的消毒。

(二) 浸泡

将需消毒的物品浸泡在一定浓度的消毒药液中，浸泡一定时间后再拿出来。如将食槽、饮水器等各种器具浸泡在浓度为0.5%~1%的新洁尔灭（苯扎溴铵）消毒液中消毒。

(三) 喷洒

将消毒药配制成一定浓度的溶液（消毒液必须充分溶解并进行过滤，以免药液中不溶性颗粒堵塞喷头，影响喷洒消毒），用喷雾器或喷壶对需要消毒的对象（畜舍、墙面、地面、道路等）进行喷洒消毒。

喷洒消毒的步骤如下：

(1) 根据消毒对象和消毒目的，配制消毒药。

(2) 清扫消毒对象。

(3) 检查喷雾器或喷壶。喷雾器使用前，应先对喷雾器各部位进行仔细检查，尤其应注意橡胶垫圈是否完好、严密，喷头有无堵塞等。喷洒前，先用清水试喷一下，检查一切正常后，将清水倒掉，然后再加入配制好的消毒药液。

(4) 添加消毒药液，进行喷洒消毒。打气压，当感觉有一定压力时，即可握住喷管，按下开关，边走边喷，还要一边打气加压，一边均匀喷雾。对动物舍进行喷洒消毒时，一般按照“先里后外、先上后下”的顺序喷洒为宜，即先对动物舍的最里面、最上面（顶棚或天花板）喷洒，然后再对墙壁、设备和地面仔细喷洒，边喷边退；从里到外逐渐退至门口。

(5) 喷洒消毒用药量应视消毒对象结构和性质适当掌握。水泥地面、顶棚、砖混墙壁等，每平方米用药量控制在800毫升左右；土地面、土墙或砖土结构等，每平方米用药量为1 000~1 200毫升；舍内设备每平方米用药量为200~400毫升。

(6) 当喷洒消毒结束时，倒出剩余消毒液再用清水将喷雾器冲洗干净，防止消毒剂对喷雾器的腐蚀，冲洗水要倒在废水池内。把喷雾器冲洗干净后内外擦干，保存于通风干燥处。

(四) 熏蒸

常用福尔马林配合高锰酸钾进行熏蒸消毒。其优点是消毒较全面，省工省力，但要求动物舍能够密闭，消毒后有较浓的刺激气味，动物舍不能立即使用。

(1) 配制消毒药品。根据消毒空间大小和消毒目的，准确称量消毒药品。如固体甲醛按每立方米3.5克称量。高锰酸钾与福尔马林混合熏蒸进行畜禽空舍熏蒸消毒时，一般每立方米用福尔马林14~42毫升、高锰酸钾7~21克、水7~21毫升，熏蒸消毒7~24小时。杀灭芽孢时每立方米需福尔马林50毫升；过氧乙酸熏蒸使用浓度是3%~5%，每立方米用2.5毫升，在相对湿度60%~80%的条件下，熏蒸1~2小时。

(2) 清扫消毒场所，密闭门窗、排气孔。先将需要熏蒸消毒的场所（畜禽舍、孵化器等）彻底清扫、冲洗干净。关闭门窗和排气孔，防止消毒药物外泄。

(3) 按照消毒面积大小，放置消毒药品，进行熏蒸。将盛装消毒剂的容器均匀地摆放在要消毒的场所内，如果动物舍长度超过50米，应每隔20米放一个容器。所使用的容器必须是耐燃烧的，通常用陶瓷或搪瓷制品。

(4) 熏蒸完毕后，进行通风换气。

(五) 拌和

在对粪便、垃圾等污染物进行消毒时，可用粉剂型消毒药品与其拌和均匀，堆放一定时间，可达到良好的消毒效果。如将漂白粉与粪便以1∶5的比例拌和均匀，进行粪便消毒。

(1) 称量或估算消毒对象的重量，计算消毒药品的用量，进行称量。

(2) 按《中华人民共和国动物防疫法》的要求，选择消毒对象的堆放地址。

(3) 将消毒药与消毒对象进行均匀拌和，完成后堆放一定时间即达到消毒目的。

(六) 撒布

撒布是指将粉剂型消毒药品均匀地撒布在消毒对象表面。如用消石灰撒布在阴湿地面、粪池周围及污水沟等处进行消毒。

(七) 擦拭

擦拭是指用布块或毛刷浸蘸消毒液，在物体表面或动物、人员体表擦拭消毒。如用浓度为0.1%的新洁尔灭消毒液洗手，用布块浸蘸消毒液擦洗母畜乳房；用布块蘸消毒液擦拭门窗、设备、用具和栏、笼等；用脱脂棉球浸湿消毒药液在体表皮肤、黏膜、伤口等处进行涂擦；用碘酊、酒精棉球涂擦消毒术部等，也可用消毒药膏剂涂布在动物体表进行消毒。

(4) **生物消毒法**

生物消毒就是利用动物、植物、微生物及其代谢产物杀灭或去除外部环境中的病原微生物，主要用于土壤、水和动物体表面消毒处理。目前常用的是生物热消毒法。

生物热消毒法是利用微生物发酵产热以达到消毒目的的一种消毒方法，常用的有发酵池法、堆粪法等，常用于粪便、垫料等的消毒。

将被污染的粪便堆积发酵，利用嗜热细菌繁殖时产生达到

70℃以上的热，经过1~2个月可将病毒、细菌、寄生虫卵等病原体杀死。但此法不适用于炭疽、气肿疽等芽孢病原体引起的疫病，这类病畜的粪便应焚烧或深埋。

107. 肉牛养殖场消毒时间怎样确定？

定期性消毒：一年内进行2~4次，至少于春秋季各进行一次。养牛场内一切用具应每月消毒一次。产房每月进行一次消毒，分娩室在临产牛生产前及分娩后各进行一次消毒。

临时性消毒：牛群中检出并剔出结核病、布鲁氏菌病或其他染疫病牛后，有关牛舍、用具及运动场须进行临时性消毒。布鲁氏菌病牛发生流产时，必须对流产物及污染的地点和用具进行彻底消毒。病牛的粪尿应堆积在距离牛舍较远的地方，进行生物热发酵后，方可充当肥料。

108. 常用的消毒药品有哪些？

消毒药应选择对人、肉牛和环境比较安全、没有残留毒性，对设备没有破坏和在牛体内不应产生有害积累的消毒药。常用的消毒药有：石炭酸（酚）、煤酚、双酚类、次氯酸盐、有机碘混合物（碘伏）、过氧乙酸、生石灰、氢氧化钠（火碱）、高锰酸钾、硫酸铜、新洁尔灭、松油、酒精和来苏儿等。

109. 氢氧化钠如何消毒？

氢氧化钠，又称苛性钠、烧碱或火碱，碱类消毒剂，粗制品为白色不透明固体，形状不固定；呈溶液状态的俗称液碱，主要用于放牛场地、栏舍等的消毒。

（1）用途

用于圈舍、饲槽、用具、运输工具等的消毒。

（2）使用浓度

浓度为1%~2%的氢氧化钠水溶液用于圈舍、饲槽、用具、运输工具的消毒；浓度为3%~5%的氢氧化钠水溶液用于炭疽芽孢污染场地的消毒。

氢氧化钠配制成2%~4%浓度的溶液时可杀死繁殖型的细菌和病毒，可用于饲养场、畜舍、木质用具、运输禽畜车辆等的消毒；10%的溶液在24小时内可以杀死结核杆菌；30%的溶液在10分钟内可以杀死炭疽芽孢。如加入10%食盐能增强杀芽孢能力。实践中常以2%的溶液用于消毒，消毒1~2小时后，用清水冲洗干净即可。

（3）注意事项

①对金属物品有腐蚀作用，消毒完毕要用清水冲洗干净。

②对皮肤、被毛、黏膜、衣物有强腐蚀和损坏作用，注意个人防护。

③对畜禽圈舍和食具进行消毒时，需空圈或移出动物，间隔半天用水冲洗地面、饲槽后方可让其入舍。

110. 生石灰如何消毒?

生石灰，碱类消毒剂，主要成分是氧化钙，加水即成氢氧化钙（俗名熟石灰），具有强碱性，但水溶性小，解离出来的氢氧根离子不多，消毒作用不强。1%石灰水杀死一般的繁殖型细菌要数小时，3%石灰水杀死沙门氏菌要1小时，对芽孢和结核菌无效。其最大的特点是价廉易得。实践中，20份石灰加水至100份制成石灰乳，用于涂刷墙体、栏舍、地面等，或直接加石灰于被消毒的液体中，或撒在阴湿地面、粪池周围及污水沟等处消毒。

111. 醋酸如何消毒？

醋酸，属酸类消毒剂，加热熏蒸消毒，按每立方米空间3~10毫升，加1~2倍水稀释，加热蒸发。可带畜消毒，用时须密闭门和窗。市售酸醋可直接加热熏蒸。

112. 含氯消毒剂如何消毒？

含氯消毒剂是指溶于水产生具有杀微生物活性的次氯酸的消毒剂，包括无机氯化合物（如漂白粉、次氯酸钠、次氯酸钙等）、有机氯化合物（如二氯异氰尿酸钠、三氯异氰尿酸、氯胺等）。

（1）漂白粉

①用途。属卤素类消毒剂，灰白色粉末，有氯臭，难溶于水，易吸潮分解，应储存在密闭、干燥处。杀菌作用快而强，价廉而有效，广泛应用于栏舍、地面、粪池、排泄物、车辆、饮水等消毒。饮水消毒可在1 000千克河水或井水中加6~10克漂白粉，10~30分钟后即可饮用；地面和路面可撒干粉再洒水；粪便和污水可按1∶5的用量，一边搅拌，一边加入漂白粉。主要用于栏舍、地面、粪池、排泄物、车辆、饮水等的消毒。

②使用浓度。一般使用浓度为5%~20%的混悬液喷洒。饮水消毒时每升水中加入0.3~1.5克漂白粉，可起杀菌除臭作用。

③注意事项

a. 漂白粉应现用现配，贮存久了有效氯的含量会逐渐降低。

b. 不能用于有色棉织品和金属用具的消毒。

c. 不可与易燃、易爆物品放在一起，应密闭保存于阴凉干燥处。

d. 漂白粉有轻微毒性，使用浓溶液时应注意人畜安全。

(2) 二氯异氰尿酸钠

二氯异氰尿酸钠是一种广谱消毒剂，对细菌繁殖体、病毒、真菌孢子和细菌芽孢都有较强的杀灭作用。

113. 二氧化氯如何消毒？

二氧化氯，属卤素类消毒剂，是国际上公认的新一代广谱强力消毒剂，被世界卫生组织列为 A1 级高效安全消毒剂，杀菌能力是氯气的 3~5 倍；可应用于畜禽活体、饮水、新鲜饲料消毒保鲜、栏舍空气、地面、设施等环境消毒、除臭；使用安全、方便，消杀除臭作用强，单位面积使用价格低。

114. 甲醛溶液如何消毒？

甲醛溶液，属醛类消毒剂，是含 37%~40%的甲醛水溶液，有刺激性气味。对细菌、真菌、病毒和芽孢等均有杀菌作用，在有机物存在的情况下也是一种良好的消毒剂。以 2%~5%溶液用于喷洒墙壁、地面、料槽及用具消毒；房舍熏蒸按每立方米用甲醛溶液 30 毫升进行消毒。

常用福尔马林是一种浓度为 35%~40%的甲醛溶液，对细菌、真菌、病毒和芽孢等均有杀灭效果，在有机物存在的情况下也是一种良好的消毒剂，其缺点是有刺激性气味。

(1) 用于室内、器具的熏蒸消毒

①浓度：密闭的圈舍按每立方米 7~21 克高锰酸钾加入 14~42 毫升福尔马林。

②作用温度（室温）：一般不应低于 15℃。

③相对湿度：60%~80%。

④作用时间：7 小时以上。

(2) 用于地面消毒

浓度为2%的甲醛的水溶液，用于地面消毒，用量为每100平方米13毫升。

115. 过氧化物类消毒剂如何消毒？

包括过氧化氢、环氧乙烷、过氧乙酸、二氧化氯、臭氧等，其理化性质不稳定，但消毒后不留残毒是它们的优点。

(1) 环氧乙烷

①用途。常用于大宗皮毛的熏蒸消毒。

②使用浓度。常用消毒浓度为400~800毫克/立方米。

③注意事项

a. 环氧乙烷易燃、易爆，对人有一定的毒性，一定要小心使用。

b. 气温低于15℃时，环氧乙烷不起作用。

(2) 过氧乙酸

①用途。属氧化剂类消毒剂，纯品为无色澄明液体，易溶于水，是强氧化剂，有广谱杀菌作用，作用快而强，能杀死细菌芽孢、真菌及病毒，但其性质不稳定，宜现用现配。除金属制品外，可用于消毒各种产品。

②使用浓度。浓度为0.5%的过氧乙酸水溶液喷洒消毒畜舍、饲槽、车辆等；浓度为0.04%~0.2%的过氧乙酸水溶液用于塑料、玻璃、搪瓷和橡胶制品的短时间浸泡消毒，时间2~120分钟；浓度为5%的过氧乙酸水溶液按2.5毫升/立方米喷雾，可消毒密闭的实验室、无菌间、仓库等；用3%~5%溶液加热熏蒸，每立方米空间2~5毫升，熏蒸后密闭门窗1~2小时。0.05%~0.5%或以上溶液可用于喷雾，喷雾时消毒人员应佩戴防护目镜、手套和口罩，喷后密闭门窗1~2小时。

③注意事项

a. 市售成品浓度为40%的过氧乙酸水溶液性质不稳定，须避光低温保存。

b. 现用现配。

※肉牛养殖场常用的消毒剂还有以下几种

（一）醇类消毒剂

1. 用途

常用于皮肤、针头、体温计等消毒，用作溶媒时，可增强某些非挥发性消毒剂的杀微生物作用。

2. 使用浓度

浓度为70%的乙醇溶液可杀灭细菌繁殖体；浓度为80%的乙醇溶液可削弱肝炎病毒的传染性。

3. 注意事项

本品易燃，不可接近火源。

（二）酚类消毒剂

包括六氯酚、煤酚皂等。

1. 用途

主要用于畜舍、笼具、场地、车辆消毒。

2. 使用浓度

一般使用浓度为0.35%~1%的酚类消毒剂水溶液，严重污染的环境可适当加大浓度，增加喷洒次数。

3. 注意事项

本品为有机酸，禁止与碱性药物混合。

（三）高锰酸钾消毒剂

1. 用途

常用于伤口和体表消毒。

2. 使用浓度

高锰酸钾为强氧化剂，浓度为0.01%~0.02%的高锰酸钾溶液可用于冲洗伤口；福尔马林加高锰酸钾用作甲醛熏蒸，用于物体表面消毒。

（四）含碘消毒剂

1. 用途

常用于皮肤消毒。

2. 使用浓度

浓度为2%的碘酊、浓度为0.2%～0.5%的碘伏常用于皮肤消毒；浓度为0.05%～0.10%的碘伏用于伤口、口腔消毒；浓度为0.02%～0.05%的碘伏用于阴道冲洗消毒。

※消毒剂的配制方法

（一）十字交叉法

例如一瓶酒精的原浓度为95%，要配成75%的浓度。

配制方法：取浓度为95%的酒精75毫升倒入有刻度的量筒（杯）中，加蒸馏水到95毫升混匀即可。

（二）分量及百分比配制方法

例如现有浓度为37%的甲醛溶液，需配制成浓度为4%的甲醛溶液。

配制计算公式：

V（加水份数）$=C$（药物原有浓度）$\div C_2$（要配制的浓度）$-1=37\div4-1=8.25$。

配制方法：取1份浓度为37%的甲醛溶液，加水8.25份，混合均匀，即制成浓度为4%的甲醛溶液。

（三）按要求比例配制方法

1. 固体消毒剂配制方法

例如配制8 000毫升使用浓度为1∶800的消特灵（二氯异氰尿酸钠）药液，需要多少克消特灵粉剂？

配制计算公式：

G［需用药量（克）］$=V$［配制体积（毫升）］$\times C$［配制浓度］$=8\ 000\times1/800=10$（克）

配制方法：取消特灵粉剂 10 克置于容器中，加水至 8 000 毫升混匀即可。

2. 液体消毒剂配制方法

例如配制 2 000 毫升使用浓度为 1∶200 的蓝光消毒药液，需此消毒剂原液多少毫升？

配制计算公式：

VI［需用药量（毫升）］$=V_2$［配制容量（毫升）］$\times C$［配制浓度］$=2\ 000\times1/200=10$（毫升）

配制方法：将 A、B 液各取 5 毫升置于容器中反应 3~5 分钟后加水至 2 000 毫升即可。

（四）三溶液浓度平衡法

例如市售过氧乙酸溶液浓度为 17%，配制 3 000 毫升使用浓度为 0. 2%的过氧乙酸溶液，需要加入浓度为 17%的过氧乙酸溶液和水各多少毫升？

配制计算公式：

C（原药物浓度）$\times V_1$（原药物体积）$=C_2$（要配的药物浓度）$\times V_2$（要配的药物体积）

$V_1=C_2\times V_2\div C_1=3\ 000\times0.2\%\div17\%=35.29$（毫升）

配制方法：在容器内先加入浓度为 17%的过氧乙酸溶液 35. 29 毫升，再加入（3 000−35. 29）= 2 964. 71（毫升）水混匀即可。

※消毒剂的合理使用

（一）影响消毒效果的因素

1. 环境因素

环境温度、pH 值、有机物含量、表面活性剂及金属离子的存在等均会对消毒剂效果产生影响。

2. 杀灭对象因素

不同类型的微生物对消毒剂的抵抗力不同，因而进行消毒时必须选择合适的消毒剂。

3. 消毒剂因素

不同种类的消毒剂，其有效成分不同，成品消毒剂是否添加稳定剂，决定了消毒剂的作用时间和保存时间；是否添加助溶剂，决定了消毒剂主成分的溶解度，从而影响使用时的有效浓度。

（二）合理使用消毒剂应注意的问题

1. 正确选择消毒剂

选择有正规国家批准文号的消毒剂。另外，应注意某些消毒剂互相作用后会失去消毒效果或产生副作用。

2. 安全使用消毒剂

一是使用有刺激性、毒性气体的消毒剂时要戴口罩或防毒面具等防护用品。

二是在配制和使用有刺激性、腐蚀性的消毒剂时要戴胶皮手套等防护用品，防止药剂溅到皮肤上。

三是在使用易爆易燃性的消毒药物时一定要按规定小心操作。

四是在带动物消毒时应选择对人、动物都比较安全的消毒剂，选择使用浓度低且消毒效果好的消毒剂。

3. 生石灰、漂白粉消毒

生石灰加水后生成强碱才能发挥杀灭病原的作用，使用生石灰时必须配成浓度为10%~20%的水溶液进行消毒；漂白粉属于含氯消毒剂，使用时需要按比例配成消毒药液。

4. 喷雾消毒

注意喷雾消毒时如果用药量不准或喷雾不均匀，消毒效果很低，甚至无效；如果未选用配套的消毒器械，如养殖动物存栏量较大却选用小型喷雾器或农用小型农药喷雾器进行消毒，消毒效果不佳。

5. 紫外线消毒

在无动物的空畜禽舍经12小时左右的紫外线照射消毒效果很好，但在消毒后要对紫外线照射不到的地方单独用其他方法消毒。

※器具的消毒

一、饲养用具的消毒

饲养用具包括食槽、饮水器、料车、添料锹等，所用饲养用具应定期进行消毒。

（一）操作步骤

1. 配药

根据消毒对象不同，配制消毒药。

2. 清扫（清洗）饲养用具

如饲槽应及时清理剩料，然后用清水进行清洗。

3. 消毒

根据饲养用具的不同，可分别采用浸泡、喷洒、熏蒸等方法进行消毒。

（二）注意事项

1. 注意选择消毒方法和消毒药

饲养器具用途不同，应选择不同的消毒药，如笼舍消毒可选用福尔马林溶液进行熏蒸，而食槽或饮水器一般选用过氧乙酸、高锰酸钾等进行消毒；金属器具也可选用火焰消毒。

2. 保证消毒时间

由于消毒药的性质不同，在消毒时，应注意不同消毒药的有效消毒时间给予保证。

二、运载工具的消毒

运载工具主要是车辆，一般根据用途不同，将车辆分为运料车、清污车、运送动物的车辆等。车辆的消毒主要采用喷洒消毒法。

(一) 操作步骤

1. 准备消毒药品

根据消毒对象和消毒目的不同，选择消毒药物，仔细称量后装入容器内进行配制。

2. 清扫 (清洗) 运输工具

采用物理消毒法对运输工具进行清扫和清洗，去除污染物，如粪便、尿液、撒落的饲料等。

3. 消毒

运输工具清洗后，根据消毒对象和消毒目的，选择适宜的消毒方法进行消毒，如喷雾消毒或火焰消毒。

(二) 注意事项

(1) 注意消毒对象，选择适宜的消毒方法。

(2) 消毒前一定要清扫 (洗) 运输工具，保证运输工具表面黏附的有机物污染物的清除，这样才能保证消毒效果。

(3) 进出疫区的运输工具要按照动物卫生防疫法要求进行消毒处理。

三、医疗器具的消毒

(一) 注射器械消毒

将注射器用清水冲洗干净，如为玻璃注射器，将针管与针芯分开，用纱布包好；如为金属注射器，拧松调节螺丝，抽出活塞，取出玻璃管，用纱布包好。针头用清水冲洗干净，成排插在多层纱布的夹层中，镊子、剪刀洗净，用纱布包好。将清洗干净包装好的器械放入煮沸消毒器内灭菌。煮沸消毒时，水沸后保持15~30分钟。灭菌后，放入无菌带盖搪瓷盘内备用。煮沸消毒的器械当日使用，超过保存期或打开后，需重新消毒后才能使用。

(二) 刺种针的消毒

用清水洗净，高压或煮沸消毒。

(三) 点眼、滴鼻滴管的消毒

用清水洗净，高压或煮沸消毒。

(四) 饮水器消毒

用清洁卫生水刷洗干净，用消毒液浸泡消毒，然后用清洁卫生的流水认真冲洗干净，不能有任何消毒剂、洗涤剂、抗菌药物、污物等残留。

(五) 清洗喷雾器和试剂

喷雾免疫前，先要用清洁卫生的水将喷雾器内桶、喷头和输液管清洗干净，不能有任何消毒剂、洗涤剂、铁锈和其他污物等残留；然后再用定量清水进行试喷，确定喷雾器的流量和雾滴大小，以便掌握喷雾免疫时来回走动的速度。

※养殖场所消毒

一、养殖场消毒

(一) 入场消毒

养殖场大门入口处设立消毒池（池宽同大门，长为机动车轮一周半），内放浓度为2%的氢氧化钠溶液，每半月更换1次。大门入口处设消毒室，室内两侧、顶壁设紫外线灯，所有人员皆要在此用漫射紫外线照射5~10分钟，进入生产区的工作人员，必须更换场区工作服、工作鞋，通过消毒池进入自己的工作区域，严禁相互串舍（圈）。不准带入可能污染的畜产品或物品。

（二）畜舍消毒

畜舍除保持干燥、通风、冬暖夏凉以外，平时还应做好消毒。一般分两个步骤进行：第一步先进行机械清扫，第二步用消毒液消毒。畜舍及运动场应每天打扫，保持清洁卫生，料槽、水槽保持干净，每周消毒一次，圈舍内可用过氧乙酸做带畜消毒。使用浓度为0.3%~0.5%的过氧乙酸溶液做舍内环境和物品的喷洒消毒或加热做熏蒸消毒（每立方米空间用2~5毫升）。

1. 空畜舍的常规消毒程序

首先彻底清扫干净粪尿。用浓度为2%的氢氧化钠溶液喷洒和刷洗墙壁、笼架、槽具、地面，消毒1~2小时后，用清水冲洗干净，待干燥后，用浓度为0.3%~0.5%的过氧乙酸溶液喷洒消毒。对于密闭畜舍，还应用甲醛熏蒸消毒，方法是每立方米空间用浓度为40%的甲醛溶液30毫升，倒入适当的容器内，再加入高锰酸钾15克。注意：此时室温不应低于15℃，否则要加入热水20毫升。为了降低成本，也可不加高锰酸钾，但是要用猛火加热甲醛溶液，使甲醛溶液迅速蒸发，然后熄灭火源，密封熏蒸12~14小时。打开门窗，除去甲醛气味。

2. 畜舍外环境消毒

畜舍外环境及道路要定期进行消毒，填平低洼地，铲除杂草，灭鼠、灭蚊蝇、防鸟等。

3. 生产区专用设备消毒

生产区专用送料车每周消毒1次，可用浓度为0.3%的过氧乙酸溶液喷雾消毒。进入生产区的物品、用具、器械、药品等要经过专门消毒后才能进入畜舍。可用紫外线照射消毒。

4. 动物尸体处理

动物尸体可用掩埋法、焚烧法等方法进行消毒处理。掩埋应选择离养殖场100米之外的无人区，找土质干燥、地势高、地下水位低的地方挖坑，坑底部撒上生石灰，再放入动物尸体，放一层动物尸体撒一层生石灰，最后填土夯实。

（三）注意事项

(1) 养殖场大门、生产区和畜舍入口处皆要设置消毒池，内放氢氧化钠溶液，一般10~15天更换新配的消毒液。畜舍内用具消毒前，一定要先彻底清扫干净粪尿。

(2) 尽可能选用广谱的消毒剂或根据特定的病原体选用对其作用效果最强的消毒药。消毒药的稀释度要准确，应保证消毒药能有效杀灭病原微生物，并要防止腐蚀、中毒等问题的发生。

(3) 有条件或必要的情况下，应对消毒质量进行监测，检测各种消毒药的使用方法和效果，并注意消毒药之间的相互作用，防止互相作用使药效降低。

(4) 不准任意将两种不同的消毒药物混合使用或消毒同一种物品，因为两种消毒药合用时常因物理或化学配伍禁忌而使药物失效。

(5) 消毒药物应定期替换，不要长时间使用同一种消毒药物，以免病原菌产生耐药性，影响消毒效果。

二、粪便消毒

（一）焚烧法

在地上挖一壕，宽75~100厘米，深75厘米，长度随粪便多少而定，在距离壕底40~50厘米处加一层铁梁（以不使粪便漏下为宜），铁梁下面放置木材，铁梁上面放置欲消毒的粪便，如粪便太湿，可混合一些干草，以便烧毁。

（二）化学药品消毒法

用含2%~5%有效氯的漂白粉溶液，或20%石灰乳，与粪便混合消毒。

（三）掩埋法

将污染的粪便与漂白粉或生石灰混合后，深埋于地下2米左右处。

（四）生物热消毒法

利用粪便自身发酵产生的热量来杀灭无芽孢菌、病毒、寄生虫虫卵等病原体，从而达到消毒的目的。

（五）发酵池法

在距水源、居民点及畜牧场一定距离处（200～250米）挖池，大小视粪便多少而定，池底池壁可用砖、水泥砌成，使之不透水。如土质好，不砌也可。用时池底先垫一层土，每天清除的粪便倒入池内，直到快满时，在粪便表面铺一层干草或杂草，上面盖一层泥土封好。经1～3个月发酵后作肥料用。也可利用沼气发酵池进行消毒。

（六）堆粪法

在距场舍100～200米以外地方选一堆粪场。在地面挖一浅沟，深约20厘米，宽1.5～2.0米，长度随粪便多少而定。先将粪便堆至25厘米，再堆欲消毒的粪便，高达1～1.5米后，在粪堆的外面铺一层10厘米厚的非污染性粪便或谷草，最外层抹上10厘米厚的泥土。堆放3周到3个月，即可作肥料用。

※空气和饮水的消毒

（一）空气的消毒

空气消毒最简便的方法是通风，这是减少空气中细菌数量极为有效的方法；其次是利用紫外线杀菌或用甲醛熏蒸等方法进行消毒。

（二）饮水的消毒

1. 物理消毒法

物理消毒法主要有煮沸消毒法、紫外线消毒法、超声波消毒法、磁场消毒法、电子消毒法等，最常用的是煮沸消毒法。

2. 化学消毒法

化学消毒法主要是使用含氯消毒剂、碘消毒剂、溴消毒剂、臭氧等消毒，其中以含氯消毒剂应用于水消毒最为广泛、安全、经济、便利、效果可靠。

※养殖场工作人员消毒

工作人员在工作结束后，尤其在场内发生疫病时，必须经消毒后方可离开现场，以免引起病原在更大范围内扩散。具体消毒方法是：将穿戴的工作服、帽及器械物品泡于有效化学消毒液中，工作人员的手及皮肤裸露部位用消毒液擦洗、浸泡一定时间后，再用清水清洗掉消毒药液。对接触过烈性传染病的工作人员可采用有效药物预防。平时的消毒可采用消毒药液喷洒法，无须浸泡。直接将消毒液喷洒于工作服、帽上；工作人员的手及皮肤裸露处以及器械、物品，可用蘸有消毒液的纱布擦拭，然后再用水清洗。

第七章
肉牛养殖场的安全生产

116. 日常消毒应注意什么？

①消毒剂要存放在安全的地方，分装瓶一定要做好标识。

②在使用消毒剂时，戴上橡胶手套、口罩、帽子、护目镜（可用日常使用的各类眼镜替代）。

③如发生中度、重度中毒时应立即就医。

④严格遵循消毒产品说明书，按照有关规定科学合理使用消毒剂，避免消毒剂的滥用。

117. 消毒剂中毒怎样处理？

由于大多数消毒剂都具有一定的刺激性和腐蚀性，因此在做好消毒的同时，要注意做好个人防护。

（1）含氯消毒剂中毒

含氯消毒剂具有刺激性和腐蚀性。误服后可导致口咽、食道和胃的烧灼感，出现恶心、呕吐、反酸、胃腹痛等症状。吸入后可出现明显呼吸道刺激症状，如咳嗽、气短、呼吸困难等。溅入眼睛会对角膜、结膜产生灼伤作用，出现疼痛、畏光、流泪等。皮肤接触后可出现局部水疱、红肿、皮疹等接触性皮炎表现。

处理方法：

①口服中毒。浓度低、剂量小者，可立即口服 100~200 毫升的牛奶、蛋清。

②吸入中毒。立即将患者转移至空气新鲜处，如出现咳嗽、呼吸困难等呼吸道刺激症状，应给予吸氧及对症治疗。

③眼或皮肤污染。眼睛溅入含氯消毒剂后，应立即使用流动清水持续冲洗 15 分钟以上。皮肤沾染后，可使用大量清水彻底清洗。

（2）碘伏中毒

碘伏对皮肤黏膜无明显腐蚀性和刺激性，其稀溶液毒性低。

处理方法：

①大多症状轻微，一般无须特殊处理。

②口服接触者，可口服淀（芡）粉溶液中和游离碘。

（3）过氧化氢（双氧水）中毒

过氧化氢（双氧水）可能引起呼吸道、消化道和皮肤黏膜接触中毒。浓度大于10%的过氧化氢有较强的氧化性和腐蚀性，可引起皮肤、眼、消化道的化学性烧伤。

处理方法：

①溅入眼内立即用清水冲洗。

②引起上呼吸道刺激症状时，应立即脱离现场，保持安静、更换污染衣物，立即给予氧气吸入，并对症处理。

（4）过氧乙酸中毒

过氧乙酸可通过消化道、呼吸道和皮肤黏膜侵入体内，对眼睛、呼吸道和皮肤黏膜均有明显刺激性和腐蚀性。

处理方法：

轻度中毒一般无须特殊治疗，立即脱离现场，一旦有过氧乙酸消毒液溅到皮肤上或眼睛里，应当立即用流动的清水冲洗，以免造成烧伤。

（5）二氧化氯中毒

二氧化氯主要为氯气导致的中毒。急性吸入后经短暂潜伏期（0.5~3小时）即出现症状，首先出现流泪、流涕、眼痛、鼻酸以及头痛、头昏，继之有咳嗽、喷嚏、咳痰、胸闷、气急等刺激症状，也可发生明显哮喘。

处理方法：

吸入气体者立即脱离现场至空气新鲜处，保持安静及保暖。吸入后有症状者至少观察12小时，对症处理。眼或皮肤接触时立即用清水彻底冲洗。

118. 养殖场安全生产应注意哪些事项？

①职工生活用房要安全牢固，防止水淹、坍塌、滑坡。

②生产用房要安全，畜禽圈舍、饲料仓库和饲料加工车间要建牢固，做到防强风、抗水淹、防坍塌。

③用水用电要安全。场内所有电线要按电工操作规程架设，发现电线老化要及时更换；饮用水塔要加盖防护网。

④储粪池、储液池四周要有防护栏，设立警示标识。

⑤有沼气池的牧场，进出料口一定要加盖混凝土预制板并加锁，以免造成人畜伤亡。

⑥沼气池一旦进料后，不要轻易下池出料或检修。如要下池，一定要由专业人员操作或现场指导，并做好安全防护措施。

a. 打开活动盖时，不要在沼气池周围吸烟或敲击、打电话，严禁使用明火，防止失火、烧伤或引起池子爆炸，进料、出料、活动盖三口通风或用鼓风机更新池内空气，以免发生窒息中毒事故。

b. 下池人员必须系好安全带，戴好防护面罩，利用手电筒或防爆灯照明，池外要有专人看护，禁止单人操作，下池人员稍感不适，看护人员应立即通过安全带将其拉出池外到通风阴凉处休息，如出现恶心、呕吐等中毒现象，应立即送医院治疗，出现休克时应采取做人工呼吸等急救措施，并打 120 抢救。

⑦严禁把油、骨粉、棉籽饼和磷矿粉加入沼气池，以防产生有毒有害气体，危及人体健康及生命安全。

⑧如果发生人、畜掉入沼气池，必须采取安全防护措施施救，禁止在无安全防护措施的情况下贸然下池施救，避免发生连续伤亡事故。

⑨沼液不能直接排放，要通过多级的沉淀和氧化，沉淀池和氧化池四周要建防护栏并设安全标示牌。

⑩关键设备、消防器材要有专人管理、定期检查，确保安全

生产。

119. 饲草饲料储存饲喂应注意什么？

饲草饲料的安全隐患常有以下几个问题：一是中小型牧场普遍没有检测设备，对饲草饲料营养成分、霉变成分不能及时进行检测。二是入库饲草饲料不能得到很好的保存。很多牧场库房简陋，屋面破损，雨雪水漏入，没有离地离墙码放，造成了潮湿霉变。三是申购饲草饲料时，数量把控不准，不坚持先进先出的原则，造成过期饲喂。四是青贮饲喂时，取料截面不齐，造成二次发酵与霉烂。窖顶与窖边霉烂层不及时进行人工清理，窖顶薄膜一次性揭面较宽而腐烂。以上这些安全隐患导致牛只的生长和健康受到影响，黄曲霉毒素超标危害会更大。

120. 机械设备存在哪些安全隐患？

机械设备安全隐患包括：一是机械设备使用年限过长，使用频率过高，老化严重，年久失修。二是设备只注重使用而不注重保养。三是机械设备使用时安全警示不足，如倒车镜、倒车雷达、鸣叫器、防火帽等缺失。四是设备的操作人员老龄化、无证上岗。五是自用油料一次性储备量过大，超过 1 000 升。六是牧场电线老化、破损、裸露，过铁处不穿管绝缘，乱拉乱接，无漏电保护，超负荷使用。以上这些安全隐患导致机械设备损坏率过高，维修成本加大，严重影响生产，甚至造成火灾事故和人畜伤亡事故。

121. 生物资产存在哪些安全隐患？

生物资产安全隐患包括：一是不坚持每年对牛群“两病”（布鲁氏菌病、结核病）进行检查；二是为应付政府部门对人兽共患病检查而频频造假；三是对检查出来的“两病”牛只，不做淘汰无害化处理；四是疫区间、牧场间对疫病的传染性隔离不力，牛群、物品、草料频繁调动，人员交叉流动，消毒措施形同虚设；五是定期防疫不到位，疫苗注射无秩序，如口蹄疫、流行热、牛传染性鼻气管炎、牛病毒性腹泻、布鲁氏菌病等疫苗。以上这些安全隐患导致不健康牛群牧场增多，疫病传染速度加快，死亡淘汰牛增多，人畜感染数量逐年增加。

122. 常见消防安全隐患有哪些？

消防安全隐患包括：一是草、料、油、电器、设备混放；二是没有明显的防火、禁烟标识牌；三是场区、宿舍、库房、食堂等消防设备不到位，且没有做到功能性区域的严格分离；四是草料库等易着火处，灭火器容量过小，有的已经过期变成摆设；五是没有专业人员在现场排查和指导。这些隐患导致火灾频发，人畜伤亡，损失惨重。

123. 安全隐患存在的原因有哪些？

安全隐患的原因：一是安全意识不到位，普遍存在安全意识淡薄的问题；二是员工教育不到位，新来员工不培训即上岗；三是人员管理不到位，招人困难，管理难度大；四是设施配备不到位，中小型牧场普遍存在建造年代久远，设施设备老化的问题；五是资金保障不到位，牧场盈利甚微，没有过多资金投入安全生产；六是整改措施不到位，牧场对消防部门、各级安监部门、联合执法部门发现的安全隐患、提出来的整改意见不重视。

124. 安全隐患防范有何措施？

一是提高牧场负责人的安全生产意识。牢固树立“安全第一、预防为主、综合治理”的安全防范意识；二是针对牧场存在的安全隐患，对牧场员工进行安全知识培训。新上岗员工必须接受三级安全教育培训，杜绝未经安全教育和培训的人员上岗作业；三是建立健全牧场岗位安全管理制度，逐级签订安全生产责任状，严格执行各项安全操作规程。坚持安全生产例会制度，如日例会、周例会和月安全生产总结等，找出存在问题、追踪整改结果、奖惩分明；四是对牧场存在安全隐患的硬件设备设施拆除整改，防微杜渐，并积极向政府部门争取在农用设备、环保设施、电力改造和消防建设等方面的政策性扶持；五是严格执行牧场生产操作流程，按规定对从业人员和牛群进行免疫检疫和安全防护，防患于未然。对已发生疫病的不健康牛群进行净化，对患病人员进行医治和补偿，对工伤和死亡员工按照相关政策给予赔偿。

第八章

粪污及病死畜无害化处理技术

125. 肉牛场粪便如何处理？

牛粪虽然会对环境造成一定的污染，但是它也是一种生物质资源，含有大量的矿物质元素和营养物质。通过不同的处理技术和工艺、应用于日常的生产生活中，在防治污染的同时还能获得良好的经济价值和社会效益。那牛粪无害化、资源化利用的处理方式都有哪些呢？

（1）牛粪作饲料

将牛粪与作物秸秆、草料或者其他粗饲料按 1：1 比例进行搭配，然后加入某种微生物菌剂或者生物酶制剂在适宜的温度下进行发酵，发酵后将所得的产品可以用来喂养猪、鱼、鸡等动物。此方法可以提高饲料的口感和吸收率，防止蛋白质的过多损失，在发酵的同时可以灭杀原料中的有害细菌和虫卵，最常见的利用方式就是发酵床饲养法。

（2）利用牛粪养蚯蚓

首先将牛粪堆成长 2 米、宽 1 米、高（厚度）35 厘米的粪堆。每天用铁耙疏松最上面的牛粪，牛粪晒至约五成干时即可放入种蚯蚓。每堆粪可放入产卵种蚯蚓 2 万~3 万条，每隔 10 天收取一次蚯蚓粪及蚯蚓茧另开一堆进行孵化。每隔 10 天取一次蚯蚓茧另开孵化可保证每批蚯蚓大小规格一致。生产出来的蚯蚓是优质的动物蛋白，可添加到动物饲料中去，还可用于医药等行业。蚯蚓粪还是优质的有机肥，可以直接施用到土地中去或者经过再加工制成商品有机肥。

（3）制成燃料

将牛粪和原煤进行混合可压缩制成蜂窝煤，用于取暖或者做饭，这是牛粪最简单的处理方式之一。既能解决燃煤资源短缺问题，还能减少燃煤对环境的污染，大部分牧区采用牛粪焚烧法，但是利用率比较低。

（4）生产沼气

利用牛粪生产沼气的工艺已经很成熟，很多地方都已经使用。牛粪中纤维素比较多，很容易被沼气生物利用，再加上牛粪的碳氮比为25：1，也符合沼气发酵的要求。所以牛粪是一种很好的发酵沼气的原料。生产出来的沼气可以用作燃料，也可以用来发电。利用牛粪发电投资大，适用于大型养牛场。1立方米的沼气相当于1.2千克的煤和0.5千克的液化气。沼渣既可以用来制成动物饲料，还是良好的有机肥料和垫料。而沼液含有农作物生长的营养物质，也是很好的液体肥料。

（5）农家肥

将牛粪堆成宽不低于2米、高不低于1.2米、长度不限的堆体，经过1~2个月的发酵腐熟后，可以制成农家肥，出售给周围的种植户，但是价格偏低，适用于小型养殖户。

（6）生产商品有机肥

在牛粪中加入适量的作物秸秆、木屑等辅料调节原料的水分和碳氮比，将原料的水分调节到50%~60%，然后将原料堆成条垛形或者堆入发酵槽。在原料表面撒上发酵剂对原料进行发酵腐熟。在发酵过程中，当原料中心温度高于70℃时，需使用有机肥翻抛机对原料进行翻抛。经过15~20天的发酵后，原料就能完全腐熟。然后利用有机肥生产线进行深加工制成商品有机肥，出售给种植户。

（7）培育食用菌

在牛粪中加入秸秆或者稻草，再按配方添加无机肥料、石膏制成培养基，可用于食用菌种植。目前应用最广的是种植双孢菇，每平方米可产12.5~15.0千克。

126. 什么是病死及病害动物无害化处理？

(1) 基本概念

病死动物是指染疫死亡、因病死亡、死因不明或者经检验检疫可能危害人体或者动物健康的死亡动物。

病害动物产品是指来源于病死动物的产品，或者经检验检疫可能危害人体或者动物健康的动物产品。

病死动物和病害动物产品无害化处理是指用物理、化学等方法处理病死动物尸体及病害动物产品，消灭其所携带的病原体，消除危害的过程。

(2) 无害化处理的对象

下列动物和动物产品应当进行无害化处理：

①染疫或者疑似染疫死亡、因病死亡或者死因不明的；

②经检疫、检验可能危害人体或者动物健康的；

③因自然灾害、应激反应、物理挤压等因素死亡的；

④屠宰过程中经肉品品质检验确认为不可食用的；

⑤死胎、木乃伊胎等；

⑥因动物疫病防控需要被扑杀或销毁的；

⑦其他应当进行无害化处理的。

(3) 无害化处理的主体责任

病死动物和病害动物产品的无害化处理工作是动物防疫的重要内容，是切断动物疫病传播的重要措施。明确病死动物和病害动物产品无害化处理的主体责任，对进一步加强源头管控具有重要意义。

①病死动物、病害动物产品无害化处理的主体责任。从事动物饲养、屠宰、经营、隔离以及动物产品生产、经营、加工、贮藏等活动的单位和个人，应当按照国家有关规定做好病死动物、病害动物产品的无害化处理，或者委托动物和动物产品无害化处理场所

处理。

②动物和动物产品运输单位和个人配合做好无害化处理的责任。病死动物和病害动物产品携带病原微生物，运输过程中容易造成疫病扩散蔓延，如不及时进行无害化处理，存在较大的动物疫病传播隐患。考虑到从事动物、动物产品经营性运输的单位和个人，通常不是动物、动物产品的所有人，不具有处置相应动物、动物产品的权力，但是，在动物、动物产品的运输过程中，一旦发现病死动物或病害动物产品，应当配合做好病死动物和病害动物产品的无害化处理，不得在途中擅自弃置和处理有关动物和动物产品。

③禁止买卖、加工、随意弃置病死动物和病害动物产品。买卖、加工、随意弃置病死动物和病害动物产品，会增大动物疫病流行传播的风险。任何单位和个人不得买卖、加工、随意弃置病死动物和病害动物产品，否则要承担相应的法律责任。

※收集转运和防护要求

一、收集转运要求

（一）包装

包装材料应符合密闭、防水、防渗、防破损、耐腐蚀等要求。

包装材料的容积、尺寸和数量应与需处理病死及病害动物和相关动物产品的体积、数量相匹配。

包装后应进行密封。

使用后，一次性包装材料应作销毁处理，可循环使用的包装材料应进行清洗消毒。

（二）暂存

采用冷冻或冷藏方式进行暂存，防止无害化处理前病死及病害动物和相关动物产品腐败。

暂存场所应能防水、防渗、防鼠、防盗，易于清洗和消毒。

暂存场所应设置明显警示标识。

应定期对暂存场所及周边环境进行清洗消毒。

（三）转运

可选择符合 GB 19217 条件的车辆或专用封闭厢式运载车辆。车厢四壁及底部应使用耐腐蚀材料，并采取防渗措施。

专用转运车辆应加施明显标识，并加装车载定位系统，记录转运时间和路径等信息。

车辆驶离暂存、养殖等场所前，应对车轮及车厢外部进行消毒。

转运车辆应尽量避免进入人口密集区。

若转运途中发生渗漏，应重新包装、消毒后运输。

卸载后，应对转运车辆及相关工具等进行彻底清洗、消毒。

二、人员防护要求

病死及病害动物和相关动物产品的收集、暂存、转运、无害化处理操作的工作人员应经过专门培训，掌握相应的动物防疫知识。

工作人员在操作过程中应穿戴防护服、口罩、护目镜、胶鞋及手套等防护用具。

工作人员应使用专用的收集工具、包装用品、转运工具、清洗工具、消毒器材等。

工作完毕后，应对一次性防护用品作销毁处理，对循环使用的防护用品消毒处理。

三、记录要求

（一）记录的基本要求

病死及病害动物和相关动物产品的收集、暂存、转运、无害化处理等环节应建有台账和记录。有条件的地方应保存转运车辆行车信息和相关环节视频记录。

（二）台账和记录

1. 暂存环节

接收台账和记录应包括病死及病害动物和相关动物产品来源场（户）、种类、数量、动物标识号、死亡原因、消毒方法、收集时间、经办人员等。

运出台账和记录应包括运输人员、联系方式、转运时间、车牌号、病死及病害动物和相关动物产品种类、数量、动物标识号、消毒方法、转运目的地以及经办人员等。

2. 处理环节

接收台账和记录应包括病死及病害动物和相关动物产品来源、种类、数量、动物标识号、转运人员、联系方式、车牌号、接收时间及经手人员等。

处理台账和记录应包括处理时间、处理方式、处理数量及操作人员等。

涉及病死及病害动物和相关动物产品无害化处理的台账和记录至少要保存两年。

127. 无害化处理有哪些方法？

无害化处理包括焚烧法、化制法、高温法、深埋法等。

128. 焚烧法如何操作？

国家规定的染疫动物及其产品、病死或者死因不明的动物尸体，屠宰前确认的病害动物、屠宰过程中经检疫或肉品品质检验确认为不可食用的动物产品，以及其他应当进行无害化处理的动物及动物产品都可进行焚烧处理。

将病死及病害动物和相关动物产品或破碎产物，投至焚烧炉本体燃烧室，燃烧室温度应≥850℃，经充分氧化、热解，产生的高温烟气进入二次燃烧室继续燃烧，二次燃烧室出口烟气经余热利用系统、烟气净化系统处理，达标后排放，产生的炉渣经出渣机排出。

焚烧炉渣与除尘设备收集的焚烧飞灰应分别收集、贮存和运输。焚烧炉渣按一般固体废物处理或作资源化利用；焚烧飞灰和其他尾气净化装置收集的固体废物需按 GB 5085.3 的要求作危险废物鉴定，如属于危险废物，则按 GB 18484 和 GB 18597 的要求处理。

操作注意事项：

①严格控制焚烧进料频率和重量，使病死及病害动物和相关动物产品能够充分与空气接触，保证完全燃烧。

②燃烧室内应保持负压状态，避免焚烧过程中发生烟气泄露。

③二次燃烧室顶部设紧急排放烟囱，应急时开启。

129. 化制法如何操作？

化制法包括干化法、湿化法和高温法。此方法不得用于患有炭疽等芽孢杆菌类疫病，以及牛海绵状脑病、痒病的染疫动物和产品、组织的处理。

(1) 干化法

病死及病害动物和相关动物产品或破碎产物输送入高温高压灭菌容器。处理物中心温度≥140℃，压力≥0.5MPa（绝对压力），时间≥4 小时（具体处理时间随处理物种类和体积大小而设定），加热烘干产生的热蒸汽经废气处理系统后排出，加热烘干产生的动物尸体残渣传输至压榨系统处理。

操作注意事项：

①搅拌系统的工作时间应以烘干剩余物基本不含水分为宜，根据处理物量的多少，适当延长或缩短搅拌时间。应使用合理的污水处理系统，有效去除有机物、氨氮，达到国家标准要求。

②应使用合理的废气处理系统，有效吸收处理过程中动物尸体腐败产生的恶臭气体，达到国标要求后排放。

③高温高压灭菌容器操作人员应符合相关专业要求，持证上岗。

④处理结束后，需对墙面、地面及其相关工具进行彻底清洗消毒。

（2）湿化法

将病死及病害动物和相关动物产品或破碎产物送入高温高压容器，总质量不得超过容器总承受力的 4/5。处理物中心温度≥135℃，压力≥0.3MPa（绝对压力），处理时间≥30 分钟（具体处理时间随处理物种类和体积大小而设定）。高温高压结束后，对处理产物进行初次固液分离。固体物经破碎处理后，送入烘干系统；液体部分送入油水分离系统处理。

操作注意事项：

①处理结束后，需对墙面、地面及其相关工具进行彻底清洗消毒。

②冷凝排放水应冷却后排放，产生的废水应经污水处理系统处理，达到国家标准要求。

③处理车间废气应通过安装自动喷淋消毒系统、排风系统和高效微粒空气过滤器（HEPA 过滤器）等进行处理，达到国家标准要求后排放。

（3）高温法

可视情况对病死及病害动物和相关动物产品进行破碎等预处理。处理物或破碎产物体积（长×宽×高）≤125 立方厘米（5 厘米×5 厘米×5 厘米）。向容器内输入油脂，容器夹层经导热油或其他介质加热。将病死及病害动物和相关动物产品或破碎产物输送入容器内，与油脂混合。常压状态下，维持容器内部温度≥180℃，持续时间≥2.5 小时（具体处理时间随处理物种类和体积大小而设定）。加热产生的热蒸汽经废气处理系统后排出。加热产生的动物尸体残渣传输至压榨系统处理。

130. 深埋法如何操作？

深埋法是指按照相关规定，将病死及病害动物和相关动物产品投入深埋坑中并覆盖、消毒，处理病死及病害动物和相关动物产品的方法。

发生动物疫情或自然灾害等突发事件时病死及病害动物的应急处理，以及边远和交通不便地区零星病死畜禽的处理。不得用于患有炭疽等芽孢杆菌类疫病，以及牛海绵状脑病、痒病的染疫动物及产品、组织的处理。

选址要求：应选择地势高燥，处于下风向的地点。应远离学校、公共场所、居民住宅区、村庄、动物饲养和屠宰场所、饮用水源地、河流等地区。

深埋坑体容积以实际处理动物尸体及相关动物产品数量确定。深埋坑底应高出地下水位 1.5 米以上，要防渗、防漏。坑底撒一层厚度为 2~5 厘米的生石灰或漂白粉等消毒药。将动物尸体及相关动物产品投入坑内，最上层距离地表 1.5 米以上。用生石灰或漂白粉等消毒药消毒，覆盖距地表 20~30 厘米、厚度不少于 1.0~1.2 米的覆土。

操作注意事项：

①深埋覆土不要太实，以免腐败产气造成气泡冒出和液体渗漏。

②深埋后，在深埋处设置警示标识。

③深埋后，第一周内应每日巡查 1 次，第二周起应每周巡查 1 次，连续巡查 3 个月，深埋坑塌陷处应及时加盖覆土。

④深埋后，立即用氯制剂、漂白粉或生石灰等消毒药对深埋场所进行 1 次彻底消毒。第一周内应每日消毒 1 次，第二周起应每周消毒 1 次，连续消毒三周以上。

第九章

肉牛正常的生理指标及相关诊疗法

131. 牛生理常数各是多少？

牛体温 37.5~39.5℃，呼吸 10~30 次/分钟，脉搏 40~80 次/分钟，血红蛋白 12 克/100 毫升，红细胞数平均 6×10^6 个/立方毫米，最少 5.5×10^6 个/立方毫米，最多 7.2×10^6 个/立方毫米，白细胞数平均 8×10^3 个/立方毫米，最少 6.8×10^3 个/立方毫米，最多 9.4×10^3 个/立方毫米。

132. 牛血液生理常数及各类白细胞的比例是多少？

牛血液占体重的 8%，血液的 pH 值为 7.5，在 25℃时血液凝固时间为 6.5 分钟，嗜碱性粒细胞占比为 0.7%，嗜酸性粒细胞占比为 7%，嗜中性粒细胞杆状核型占比为 6%，嗜中性粒细胞分叶核型占比为 25%，淋巴球占比为 54.3%，单核细胞占比为 7%。

133. 牛临床检查基本方法有哪些？分别如何进行？

临床检查的基本方法是指通过检查者的感官，直接对病畜进行观察和检查的方法，包括问、视、触、叩、听、嗅 6 种诊断法。这些方法在兽医临床上应用广泛。

（1）视诊

视诊是指用肉眼直接对病畜的整体和局部进行的观察。

①视诊方法。首先应使病畜尽快熟悉周围环境，安静下来，呈自然姿势。检查者应先站在离病畜适当距离处，首先观察其全貌，然后由前向后、从左到右，边走边看，观察病畜。当走到正后方时，应注意尾、肛门及会阴部，并对照观察两侧胸部、腹部是否有

异常。为了观察运动过程及步态，可进行牵遛，最后再接近动物。发现异常，则做详细检查。

有时，通过视诊就可以得到初步诊断，如破伤风。

②应用范围。观察外貌（动物体格、发育、营养、精神状态、躯体结构等），观察病畜站立姿势或运动中步态有无异常、腹痛不安的表现等，观察动物被毛状态、皮肤及体表有无创伤、溃疡、疱疹、肿物等，观察黏膜的颜色及分泌物变化，观察呼吸动作以及有无喘息、咳嗽、呼吸困难等症状，观察采食、咀嚼、吞咽、反刍、嗳气等消化活动有无异常，以及有无呕吐、排粪、排尿的异常动作等。

③注意事项。对初来的患畜，应使其稍加休息，呼吸平稳，并先适应一下新的环境后再进行检查。视诊时，一般先不要靠近患畜，也不宜进行保定，以免惊扰，应尽量使动物采取自然的姿态，最好在自然光下进行。收集症状要客观而全面，不要单纯根据视诊所见的症状就确立诊断，要结合其他方法检查的结果，进行综合分析与判断。

（2）听诊

听诊是用耳或听诊器在被检动物体表听取体内脏器自然发生的音响，根据音响的性质推断被检的内脏器官病理变化的一种检查方法。

①听诊方法

a. 直接听诊法。主要用于听取病畜的呻吟、喘息、咳嗽、嗳气、咀嚼，以及特殊情况下的肠鸣音。

b. 间接听诊法。借助听诊器进行听诊。

②应用范围

a. 非心血管系统。听取心脏及大血管的声音，判断心跳频率、强度、节律、有无心杂及心包摩擦音等。在判断心瓣膜机能变化上听诊是常用的方法。

b. 呼吸系统。听取呼吸音，判断有无啰音、捻发音和胸膜摩擦音等。

c. 消化系统。听取胃肠蠕动音，判定有无肠音增强、肠音减弱、肠音不整及金属音肠音等。

d. 胎音。听取胎儿心脏跳动的声音，检查胎儿的状态。

③注意事项。为了排除外界音响的干扰，听诊应在安静的室内进行。动物被毛摩擦是常见的干扰因素，故听诊器的集音头要与体表贴紧，听诊器的胶管不应交叉，也不要与手臂、衣服等摩擦，以免发生杂音。听诊胆小易惊或性情暴烈的患畜时，要由远而近，逐渐将听诊器集音头移至听诊区，以免引起动物反抗。听诊过程中需注意防止被患畜踢咬。

(3) 触诊

触诊是用手指、手掌、手背或者拳头对病畜进行接触检查的一种方法。

①触诊方法。检查体表的体温、湿度时，以手背检查为佳，并在不同部位比较。检查体表、皮下肿物，以手指检查较好，若感知有波动，提示液体存在，如脓肿、血肿、淋巴外渗等；若感知有弹性及捻发感，提示有气体；若感知有面团感，有指压留痕，提示有水肿。检查大动物腹腔，如牛的瘤胃，则可用拳头冲击，如有振水音，提示腹腔、内脏有大量积液。

②应用范围

a. 检查体表状态。如皮肤的温度和湿度，皮肤及皮下组织的弹性，浅表淋巴结的位置、大小、敏感性，以及体表局部病变（如气肿、水肿、肿物、疝）等。

b. 通过体表可对内脏器官做某些检查，如胸部触诊可判断有无胸积水、胸膜炎。对反刍动物，触诊瘤胃可判断有无鼓气、积液、积食等，腹部触诊可判断有无腹水、腹膜炎等。

c. 直肠触诊。如通过对牛直肠进行触诊，可了解其腹腔、盆腔内器官的状态（瘤胃、肝、肾、膀胱、卵巢、子宫等）。

d. 为判断患畜某一部位的感受力与敏感性，可通过给该部位施以机械刺激的方式，并根据动物的反应，对该部位的感受力与敏感性进行判定，如检查肾区的疼痛反应、腰背与脊柱的反射等。

③注意事项。触诊时必须注意安全，必要时应进行保定。如果需触诊牛的四肢及腹下等部位时，要一只手放在畜体的适宜部位做支点，以另一只手进行检查，并应从前往后、自上而下，边抚摸边接近检查部位，切忌直接突然接触。

134. 牛外部给药如何操作?

（1）眼部给药

药物可分为眼药水、眼药膏、结合膜下注射药和洗眼药等。眼药水滴入眼角结合处的膜囊内，勿使滴管与眼睛接触，一般滴入几滴，每隔 2 小时给药 1 次；眼药滴或挤入眼睑的边缘处，4~6 小时给药 1 次；结合膜下注射用药，如青霉素、醋酸可的松等，1~2 天注射 1 次；洗眼药则可根据情况一天冲洗 2~3 次。

（2）耳部给药

耳内禁忌使用大量的药液或药粉。稀薄的油脂或丙三醇常作为耳局部用药的赋形剂。常用的药物有过氧化氢。一般向耳内滴几滴，然后用手掌轻轻按摩，以便使药物与耳道充分接触，并发挥作用。

（3）鼻部给药

常用等渗药液滴入鼻腔内，勿使滴管接触鼻腔黏膜。鼻腔内禁用油膏，因为它会损伤鼻黏膜，或因不慎吸入气管引起肺炎。

135. 牛经口投药如何操作?

（1）牛舔剂投药法

打开牛口腔，用木片或竹片从一侧口角将舔剂送入口腔，并迅速涂于舌根的背部，随即抬高牛头，使药物自然咽下。

（2）牛糊剂投药法

将已碾压的较粗糙的中药，调制成稀糊状，用灌角将药经口灌入。灌药时，由助手牵引鼻环或吊嚼，使牛头稍仰。灌药者一手拿盛药的灌角，顺口角插入口腔，送至舌面中部，将药灌下；同时，另一手持药盆，接取自口角流出的药液。

136. 牛注射给药如何操作？

（1）皮内注射

①注射部位。牛可在肩胛部或颈侧中 1/3 处的皮内注射。

②操作方法。保定好动物后，注射部位剃毛，70%酒精消毒。吸药后，排出注射器内的空气，左手绷紧皮肤，右手持注射器将针头放于皮肤上，针头斜面朝上，轻轻刺入皮内，针尖斜面全部进入皮内时，推动活塞，注入规定的药量，局部呈现圆形隆起，拔出针头。此时，切忌按压注射部位。根据不同的注射目的，按照规定的时间观察局部反应。

（2）皮下注射

①注射部位。一般选择被皮较薄和皮下疏松结缔组织丰富而容易移动的部位，牛多在颈侧或肩胛后方的胸侧皮肤易移动的部位。

②操作方法。注射部位剪毛、消毒。术者右手持注射器，左手的拇指和中指捏起皮肤，食指向下压，使皮肤形成皱褶，其凹陷处为注射点。右手持注射器，注射器与皮肤呈 45°角将针从皱褶基部刺入皮下约 2 厘米。抽动活塞不见回血，右手拇指、中指把持注射器，食指扶靠注射针头结合部，以右手拇指缓慢推动注射器活塞，将药液注入。左手轻压皮肤，右手抽出针头，用棉球压紧针孔少许时间，局部涂碘酊。如患畜骚动不安，可先刺入针头，待较安静时再连接注射器注入药液。

（3）肌内注射

①注射部位。选择动物体肌肉较发达、大血管少的部位。牛和

羊一般多在颈侧及臀部肌肉丰满处。应避开大血管及神经的通路。

②操作方法。注射部位剪毛、消毒。左手食指和拇指将注射部位皮肤绷紧，用右手的拇指和食指握住注射针头的针座，将针头与皮肤成60°角或垂直刺入肌肉，使针头尾稍外露。然后连接注射器，回抽无血后，注入药液。拔出针头后，针孔处涂5%碘酊。如动物安静、技术熟练或保定牢靠，也可以将连有注射器的针头一下刺入肌肉内，回抽无血，立即注入药液。注射时要注意针头不要全部刺入肌肉内，一般为3~5厘米，以免针头折断时不易取出。

(4) 静脉注射

静脉注射法是将药物直接注入静脉血管内的方法，简称静注。适用于用药量大、对局部刺激性大的药液。牛一般选择在颈部上、中1/3的交界处的静脉。

第十章
临床常用兽药

137. 抗生素有何作用？如何进行分类？

抗生素是一类应用广泛的抗微生物药，在一定浓度时可杀灭细菌、真菌、放线菌、螺旋体、立克次体以及某些支原体、衣原体和原虫等。本品一般是从微生物的培养液中提取的，但有些已能人工半合成。常见抗生素可分为：青霉素类、四环素类、头孢菌素类和氨基苷类。

138. 常见青霉素类抗生素有哪些？

（1）天然青霉素

①作用与用途。对多数革兰氏阳性菌、部分革兰氏阴性菌以及螺旋体和放线菌均有强大的抗菌作用。临床上主要用于猪丹毒、坏死杆菌病、炭疽、气肿疽、破伤风、恶性水肿、牛肾盂肾炎、呼吸道感染、乳腺炎、子宫炎、放线菌病、钩端螺旋体病等，也用于创伤感染、脓肿、蜂窝织炎等的治疗。

②耐药性。一般细菌对青霉素不易产生耐药性，但金黄色葡萄球菌可逐渐产生耐青霉素的菌株。

③不良反应。过敏反应，表现为皮肤过敏，如出现荨麻疹、接触性皮炎等，严重时可出现过敏性休克。如出现过敏症状，应立即肌注 0.1%盐酸肾上腺素或1%苯海拉明等。

④用法和用量

a. 苄青霉素钾（钠）：临用前用注射用水配成水溶液。牛、牛犊每千克体重 1 万~2 万国际单位。牛乳房灌注，挤乳后，每个乳室每次 10 万国际单位，每天 1~2 次。

b. 普鲁卡因青霉素：临用前以注射用水配成水溶液，肌内注射，牛犊每千克体重 1 万~2 万国际单位。

c. 苄星青霉素（长效西林）：主要用于长期用药的病例，如牛肾盂肾炎、肺炎、子宫炎、子宫蓄脓、复杂骨折等。临用前加注射用水配成水溶液，肌内注射。

(2) 半合成青霉素

常用的药物及用法、用量。

①苯唑青霉素钠。临床主要用于耐药性金黄色葡萄球菌引起的感染。内服，牛每千克体重每次 10~15 毫克，每天 2~3 次。牛肌内注射同内服量。

②邻氯青霉素钠（邻氯苯甲异噁唑青霉素钠）。用途同苯唑青霉素钠。内服，牛每千克体重每次 10~15 毫克，每天 2~3 次。牛肌内注射同内服量。牛乳室灌注，挤乳后每个乳室每次 0.2 克，每天 1~2 次。

③乙氧萘青霉素钠。除对耐药金黄色葡萄球菌有效外，对溶血性链球菌及肺炎球菌也有高效，用于耐药菌引起的呼吸道及泌尿道感染。内服，牛每千克体重 10~15 毫克，每天 2~3 次。肌内注射，牛同口服量。

④氨苄青霉素（氨苄西林）。对多数革兰阴性菌有较强抗菌作用。用于敏感菌引起的肺部、肠道、尿道感染。牛按每千克体重 10~20 毫克静脉或肌内注射，每天 2~3 次。犊牛按每千克体重 12 毫克内服，每天 2~3 次。

⑤羟氨苄青霉素（阿莫西林）。杀菌作用快而强，内服吸收好、尿中浓度较高。临床上对呼吸道、泌尿道、皮肤、软组织及肝胆系统等感染疗效好。可与其他药物合用治疗乳腺炎、子宫内膜炎、无乳综合征。牛按每千克体重 5~10 毫克，皮下、肌内注射，每天 2~3 次，连用 5 天。

139. 常见四环素类抗生素有哪些？

四环素类抗生素广谱，对多数革兰氏阳性和阴性细菌、衣原体、支原体、螺旋体、立克次体、放线菌和某些原虫（如阿米巴原虫、球虫等）都有抑制作用。四环素类抗生素要注意禁限用范围。

（1）土霉素（氧四环素）

作用与用途：用于治疗牛出血性败血症、猪肺疫、禽霍乱、炭疽、大肠杆菌和沙门菌感染、猪喘气病、禽衣原体病等，也可局部应用于牛子宫内膜炎、坏死杆菌病等，此外对梨形虫病、放线菌病、钩端螺旋体病、气肿疽等，也有一定疗效。

注意事项：应用土霉素可引起肠道菌群失调、某些维生素缺乏和肝脏损害。一般成年草食动物不宜内服，杂食动物、肉食动物和新生草食动物可内服。大剂量或长期应用时加服复合维生素 A，可防止消化道反应。

用法和用量：内服，牛按每天每千克体重 5～10 毫克，分 2～3 次内服。静脉注射时可用生理盐水或 5%葡萄糖注射液制成 0.5%以下的浓度。治疗血巴尔通体病、胰腺外分泌机能不全、支原体感染时，土霉素眼膏和软膏可外用。

（2）金霉素

作用与用途：对革兰阳性菌、耐药性金黄色葡萄球菌感染疗效较强。因对注射部位有较强刺激性，故不可肌内注射。对产后子宫内膜炎和乳腺炎可局部用药。

用法和用量：内服剂量同土霉素，连用一般不超 5 天，牛一般每次不超 1 克。静脉注射，临用前加 5%葡萄糖注射液溶解后应用。静注日用量：牛每千克体重 5～10 毫克。金霉素软膏可外用。

（3）四环素

作用与用途：抗菌谱、不良反应及临床用途等与土霉素相同。

用法和用量：内服剂量同土霉素。对立克次体病，内服按每次每千克体重 6 毫克，每天 3 次，连用 14 天。

（4）抗真菌类抗生素

①灰黄霉素

作用与用途：临床主要用于浅部真菌感染，对家畜的毛癣有较好的疗效。

用法和用量：犊牛按每千克体重 20 毫克，内服，每天 2~3 次，连用 20 天。皮肤毛癣需连用 3~4 周。

注意：本品以内服为主，外用不易透入皮肤，故难奏效。

②两性霉素 B

作用与用途：两性霉素 B 是治疗全身性深部真菌感染的有效药物。临床用于组织胞浆菌病、白色念珠菌病等。

用法和用量：静脉注射时用注射用水将两性霉素 B 溶解，再用 5%葡萄糖注射液稀释成 0.1%注射液。家畜按每千克体重 0.125~0.5 毫克，静脉注射，隔日 1 次或 1 周注射 2 次。

③克霉唑

作用与用途：抗真菌广谱、毒性小，内服易吸收，对皮肤及深部真菌感染均有效。

用法和用量：牛按每千克体重 5~10 毫克，内服，每天 2 次。其软膏或溶液可外用。

④制霉菌素

作用与用途：主要用于预防和治疗因长期服用四环素类引起的肠道真菌性感染。气雾吸入对肺部霉菌感染疗效较好。

用法和用量：牛按每千克体重 50 万~500 万国际单位内服，每天 3~4 次。其软膏或溶液可外用，每天 2~3 次，连用 1~2 周。

(5) 大环内酯类抗生素

①泰勒霉素

作用与用途：对革兰阳性菌和部分革兰阴性菌、螺旋体有抑制作用，对支原体有特效。

用法和用量：治疗支原体病，牛每千克体重 2~10 毫克，肌内注射，每天 2 次。

②螺旋霉素

作用与用途：抗菌谱与本类其他抗生素相同。

用法和用量：牛按每千克体重 4~20 毫克，肌内或皮下注射，每天 1 次。

140. 常见头孢菌素类抗生素有哪些?

头孢菌素是半合成抗生素，特点是抗菌广谱，抗菌作用强，部分药物可内服，毒性低，过敏反应发生率低。

(1) 头孢噻吩钠

治疗呼吸道、泌尿道、消化道等严重感染及心内膜炎。

(2) 头孢氨苄

抗菌谱与头孢噻吩钠相似，对葡萄球菌感染、口腔炎、伯氏包柔氏螺旋体病效果较佳，但不适于严重感染。内服易吸收。临床用途同头孢噻吩钠。

(3) 头孢唑林钠

治疗呼吸道、泌尿道、消化道等严重感染及心内膜炎。

(4) 头孢拉定

治疗呼吸道、泌尿道、皮肤和软组织的感染。

141. 常见氨基苷类抗生素有哪些?

(1) 硫酸链霉素

作用与用途：临床用于大肠杆菌引起的肠炎、白痢、乳腺炎、子宫炎、败血症，以及钩端螺旋体病、放线菌病等。此外，还用于控制乳牛结核病的急性发作。

不良反应：链霉素最严重毒性反应是损害第 8 对脑神经，造成听觉损害，并出现肌肉无力、肢体瘫痪、呼吸抑制等症状，可引起过敏反应以及对肾脏产生轻度损害等。

用法和用量：临用前用适量注射用水溶解。各种家畜按每千克体重 10~15 毫克，肌内注射，每天 2 次。

(2) 硫酸卡那霉素

作用与用途：对大多数肠道革兰氏阴性杆菌（特别是变形杆菌）有强大抗菌作用，对耐药金黄色葡萄球菌和结核杆菌也有效。用于禽霍乱、雏白痢、坏死性肠炎、乳腺炎、呼吸道感染、泌尿道感染等。

用量和用法：牛、牛犊按每次每千克体重 10~15 毫克，肌内注射，每天 2 次。牛按每千克体重 10~15 毫克内服，每天 2 次。

(3) 硫酸庆大霉素

作用与用途：用于治疗多种革兰氏阴性菌感染，如大肠杆菌、肺炎杆菌、变形杆菌和痢疾杆菌等。

用法和用量：犊牛每天按每千克体重 10~15 毫克，分 3~4 次内服。牛、牛犊每天按每千克体重 2~4 毫克，肌内注射。

142. 常见磺胺类药物有哪些？

磺胺类药物抗菌广谱、性质稳定，但抗菌作用不强，一般只有抑菌作用。抗菌增效剂（如甲氧苄胺嘧啶等）的发现，使其抗菌作用大大加强，甚至变抑菌作用为杀菌作用，因此也扩大了治疗范围。

作用与用途：可用于凡是对磺胺药敏感病原体引起的各种感染性疾病，如流行性脑脊髓膜炎、呼吸道感染、肠道感染、泌尿道感染、乳腺炎、子宫内膜炎，以及畜禽球虫病、猪弓形虫病，还可外用于创伤感染等。

不良反应：对体弱、幼龄家畜长期大剂量给药时，可能会出现不良反应，如食欲减退或废绝、精神沉郁、贫血、白细胞减少、少尿或无尿、血尿和体温升高等，一般停药后可消失。如果配合等质的碳酸氢钠，并增加饮水量（必要时可灌水）就可减少或预防不良反应的发生。反应严重时，除停止用药外，还应立即内服或静注碳酸氢钠、生理盐水或葡萄糖注射液等，以促进磺胺药的排出。少数家畜对磺胺药敏感，当静注大剂量，尤其是注射速度过快时，可发生休克。

选药原则：

①全身感染，选用肠道易吸收、抗菌作用强而副作用较小的磺胺药，如磺胺间甲氧嘧啶等。

②肠道感染，选用肠道不易吸收的磺胺药，在肠道内能保留较高浓度，如酞酰磺胺噻唑、琥珀酰磺胺噻唑、羟喹酞磺胺噻唑等。

③泌尿道感染，应选择溶解度大，抗菌作用强的磺胺药，如磺胺二甲异噁唑、磺胺二甲嘧啶。

④外用当中，治疗创伤可用磺胺药的散剂、软膏等；对烧伤面的感染，尤其是绿脓杆菌感染时，选用磺胺嘧啶银等效果较好。

剂量原则：首次应采用大剂量（突击量，维持量的 2 倍量），以后每隔一定时间给予维持量。症状消失后，还应给予维持量的 1/3~1/2，继续投服 2~3 天。

143. 抗寄生虫药的种类有哪些？

抗寄生虫药包括驱线虫药、驱绦虫药、驱吸虫药、抗血吸虫药、抗原虫药、杀虫药等几类。

144. 常用驱线虫药有哪些？

（1）伊维菌素

作用与用途：本品是新型的抗生素类抗寄生虫药，广谱、高效、低毒，对体内外寄生虫，特别是线虫和节肢动物均有良好驱杀作用，但对绦虫、吸虫及原虫无效。广泛用于牛、羊、猪的胃肠道线虫、肺线虫和体外寄生虫的治疗。

用法和用量：牛、羊按每千克体重 0.2 毫克内服或皮下注射，对血矛线虫、奥斯特线虫、毛圆线虫、圆形线虫、仰口线虫、细颈线虫、毛首线虫、食道口线虫、网尾线虫、绵羊夏伯特线虫等，驱虫率达 97%~100%。对驱杀节肢动物也很有效，如蝇蛆（牛皮蝇、纹皮蝇、羊狂蝇）、螨（牛疥螨）和虱（牛颚虱、牛血虱和绵羊颚虱）等。

超剂量可引起中毒，无特效解毒药。肌内注射会产生严重的局部反应。

（2）甲苯咪唑

作用与用途：具有高效、低毒、广谱杀灭驱线虫、绦虫作用。对猪毛首线虫效果好，禽类混饲可驱除消化道、呼吸道寄生虫。

用法和用量：偶蹄动物按每千克体重 15 毫克内服，每天 1 次，连用 2 天，可驱绦虫。

（3）苯硫苯咪唑

作用与用途：本品对牛、羊胃肠道主要寄生线虫（除毛首线虫外）均有较好驱虫效果。对猪蛔虫、食道口线虫、红色猪圆线虫和未成熟虫体均有效。在禽类可驱除胃肠道和呼吸道寄生虫。

用法与用量：牛按每千克体重 7~9 毫克，内服，每天 1 次，连用 3 天。

（4）丙硫苯咪唑

作用与用途：驱虫范围广，对牛、羊消化道线虫的成虫驱虫效果最好，对未成熟幼虫效果较好，对虫卵也有抑制作用；对猪胃肠道大部分寄生虫效果优于噻苯达唑，尤其对蛔虫、毛首线虫效果更好；对鸡蛔虫、异刺线虫等有高效，毒性小。

用法和用量：牛按每千克体重 10～15 毫克内服。本品适口性差，混饲时应少添多喂。

145. 常见驱吸虫药有哪些？

（1）二碘羟柳胺

作用与用途：高效、低毒、用量小，不少国家已作为治疗吸虫病的首选药物，用于杀灭牛、羊肝片形吸虫等。

用法和用量：牛按每次每千克体重 7.5 毫克，内服。

（2）碘醚柳胺

作用与用途：对牛、羊各种肝片形吸虫的成虫和幼虫都有杀灭作用，并对巨片吸虫、捻转血矛线虫和各期羊鼻蝇蚴也有明显效果。

用法和用量：牛按每次每千克体重 7.5～10.0 毫克内服。注意：泌乳期和 28 天内要屠宰的家畜禁用。

（3）硝氯酚

作用与用途：对牛、羊肝片形吸虫成虫有很强的杀灭作用，对其幼虫也有一定作用。目前在兽医临床已取代四氯化碳、六氯乙烷。

用法和用量：牛按每千克体重 0.8～1.0 毫克，皮下或肌内注射。也可用于口服。

（4）联氨酚噻

作用与用途：对肝片形吸虫未成熟的虫体有良好杀灭效果，对宿主毒性很小。如与二碘羟柳胺合用，可发挥良好的预防作用。

用法和用量：牛每次按每千克体重 70～100 毫克内服。对吸虫的幼虫驱除效果好，治疗量对怀孕母牛无不良影响。

146. 常见驱绦虫药有哪些？

（1）吡喹酮

作用与用途：抗菌广谱、高效、低毒，对多种畜禽绦虫，如牛、猪莫尼茨绦虫，无卵黄腺绦虫，各种家禽绦虫；多种囊尾蚴，如细颈囊尾蚴、猪囊尾蚴等，均有显著的驱杀作用。

用法和用量：牛每次按每千克体重10~50毫克内服，连用10天。肉牛在用药后28天内禁止屠宰。

（2）氯硝柳胺

作用与用途：氯硝柳胺是目前国内首选驱虫药，对牛、羊莫尼茨绦虫，曲子宫绦虫，鸡赖利绦虫效果好。此外，对牛、羊前后盘吸虫成虫和幼虫，牛双口吸虫，日本血吸虫中间宿主钉螺等，也有驱杀作用。

用法和用量：牛每次按每千克体重60~70毫克，1次内服。

（3）双氯酚

作用与用途：对牛、羊莫尼茨绦虫，曲子宫绦虫等有效。

用法和用量：牛每次按每千克体重40~60毫克内服。

147. 常见抗血吸虫药有哪些？

（1）吡喹酮

作用与用途：吡喹酮是当前治疗血吸虫病的首选药物，对埃及、曼氏、日本血吸虫均有强大的杀灭作用，对幼虫也有效，但对虫卵无杀灭作用。治疗牛血吸虫病，可内服、肌注和静注。毒性小，使用安全。

用法和用量：治疗牛血吸虫病每次按每千克体重30毫克内服，也可每次按每千克体重10~20毫克肌内注射。

(2) 硝硫氰胺

作用与用途：对曼氏、埃及、日本血吸虫均有良好的杀灭效果。主要用于治疗牛、羊肝片形吸虫病，此外对丝虫、钩虫和猪姜片吸虫病也有较好疗效。

用法和用量：牛按每千克体重 2 毫克静脉注射，临用时以吐温-80 助溶，制成 1%~2%灭菌水混悬液，用前振摇后再进行静脉注射。牛也可按每千克体重 30 毫克，一次性口服或分两次口服。注意：有时用药后，牛出现四肢无力、步态不稳等不良反应，多可自然恢复。

148. 常见抗原虫药有哪些？

(1) 新砷凡纳明

作用与用途：该药对伊氏锥虫有效，一般用于感染初期效果好，还可用于牛犊肺炎、猪肺疫、禽螺旋体病等。用药越早，疗效越好。

用法和用量：静注量，牛按每千克体重 10 毫克，1 次静脉注射，每天 1 次，牛极量每次 4 克。临用前以灭菌生理盐水或葡萄糖注射液溶解，制成 5% ~ 10% 注射液。溶解过程中禁止用力振荡，应缓慢静注，防止漏出血管外。重复用药应间隔 3~6 天。心、肾机能障碍病畜忌用。

(2) 三氮脒

作用与用途：本品属新型抗梨形虫药，对家畜的梨形虫、锥虫等都有治疗作用。对梨形虫病还有一定预防作用。

用法和用量：牛按每千克体重 3~5 毫克，1 次肌内注射。临用前先制成 5% ~ 7% 注射液，深部肌内注射。根据情况可连续应用，但不能超过 3 次（水牛只注射 1 次），每次最好间隔 24 小时。

(3) 硫酸喹啉脲

作用与用途：用于牛、羊、猪的梨形虫病（主要对巴贝斯属梨形虫病)，一般用药后 12~36 小时体温恢复正常，临床症状改善，外周血液中虫体消失。用于发病初期疗效更好。

用法和用量：牛按每千克体重 1 毫克，1 次皮下注射，每天 1 次，连用 2 天。为减轻或防止不良反应，可同时或在用药前注射硫酸阿托品。

(4) 咪唑啉卡普

作用与用途：咪唑啉卡普是新型抗梨形虫药，对牛、羊双芽巴贝斯虫，二联巴贝斯虫等有显著的治疗和预防效果。

用法和用量：牛、犊牛按每千克体重 1~2 毫克，1 次肌内或皮下注射，每天 1 次，必要时可连续应用 2~3 天。

149. 常见杀虫药有哪些？

杀虫药包括有机氯杀虫药、拟除虫菊酯、脒类化合物等体外杀虫药。

(1) 三氯杀虫酯

作用与用途：高效、低毒、易生物降解，对蚊、蝇和家畜体表寄生虫有良好的杀灭作用。

用法和用量：将 25%~50%溶液或 50%乳剂，临用前加水稀释成 0.1%~0.2%溶液后，外用喷洒，可速杀蚊蝇。

(2) 辛硫磷

作用与用途：适于治疗家畜体表寄生虫病和室内喷洒灭蚊、蝇、臭虫、虱、蟑螂等。

用法和用量：以 50%乳油加水制成 0.05%溶液，体表喷洒。

(3) 蝇毒磷

作用与用途：蝇毒磷是有机磷杀虫剂中唯一可用于泌乳奶牛的杀虫剂。

用法和用量：0.05%浓度药浴、喷淋，对家畜蜱、虱、蚤、蝇、皮蝇、伤口蛆等均有杀灭作用。在兽医指导下，牛也可进行口服或混饲投药。

（4）皮蝇磷

作用与用途：主要用于防治牛皮蝇、纹皮蝇等，能有效杀灭各期牛皮蝇幼虫，并对胃肠道某些线虫有驱虫作用。外用可杀灭虱、蜱、臭虫、蟑螂等，经内服或喷洒于皮肤上均有效。

用法和用量：牛按每天每千克体重15~20毫克，1次内服，连用6~7天。

150. 常见镇咳药有哪些？

（1）喷托维林

作用与用途：本品常用于治疗急性呼吸道炎症引起的干咳，与祛痰药配合用于伴有剧咳的呼吸道炎症。

用法和用量：片剂内服，牛0.5~1.0克，每天3次。复方咳必清糖浆内服，牛100~150毫升，1天3次。

（2）复方樟脑酊

作用与用途：常用于咳嗽、腹痛和腹泻等疾病的对症治疗。

用法和用量：内服，牛20~50毫升，每天3~4次。

（3）复方甘草合剂

作用与用途：本品具有镇咳、祛痰、镇痛作用，适用于痰多的频咳。

用法和用量：内服，牛50~100毫升，每天3次。

151. 常见平喘药有哪些？

（1）麻黄碱

作用与用途：除扩张支气管外，还有兴奋心脏、收缩血管、升高血压等作用。用其0.5%~1%溶液滴鼻，可用于鼻黏膜充血与鼻阻塞。

用法和用量：牛1次内服50~500毫克。牛1次皮下或静脉注射50~500毫克。

（2）氨茶碱

作用与用途：扩张支气管作用持久，临床适用于牛肺气肿及因心力衰竭而引起的心性喘息，也可用于预防或缓解麻醉过程中意外发生的支气管痉挛。

用法和用量：牛1次静脉或肌内注射用量为1~2克。牛1次内服量为每千克体重5~10毫克。

应用注意：静脉注射时，禁与维生素C、氯丙嗪、去甲肾上腺素、四环素类抗生素、促肾上腺皮质激素等配伍。

152. 常见祛痰药有哪些？

（1）氯化铵

作用与用途：主要用于呼吸道炎症初期痰黏稠而不易咳出时，单用或配合其他植物性祛痰药。注意：对严重肝、肾功能不良患畜禁用。

用法和用量：内服，牛10~25克。

（2）乙酰半胱氨酸

作用与用途：适用于急性和慢性支气管炎、支气管扩张、喘息、肺炎、肺气肿等。

用法和用量：喷雾，2%~10%溶液喷至咽喉部、上呼吸道。5%溶液，自气管插管或直接滴入气管内或气管注射，牛3~5毫升，每天2~4次。

153. 用于消化系统的药物有哪几类？

用于消化系统的药物包括健胃药与助消化药、制酵药与消沫药、瘤胃兴奋药、泻药、止泻药等几类。

154. 常见健胃药与助消化药有哪些？

（1）龙胆

作用与用途：龙胆的苦味，可反射地引起唾液、胃液分泌增加，促进消化，常与其他健胃药配合应用。临床主要用于食欲减退、消化不良等。

用法和用量：

①龙胆酊。由龙胆末 100 克、40%酒精 1 000 毫升浸制而成。内服，牛 50～100 毫升。

②复方龙胆酊（苦味酊）。由龙胆末 100 克、陈皮末 40 克、豆蔻末 10 克，加 60%酒精 1 000 毫升浸制而成。内服，牛 50～100 毫升。

（2）陈皮酊

作用与用途：陈皮酊属芳香健胃药，内服后能刺激消化道黏膜，加强胃肠分泌与蠕动，产生健胃祛风等作用。临床用于消化不良、积食气胀等。

用法与用量：陈皮酊系由陈皮末 100 克，加 60%酒精浸制而成。内服，牛 30～100 毫升。

（3）姜酊

作用与用途：能明显刺激消化道黏膜，促进消化液分泌，增进食欲，并能抑制胃肠道异常发酵。临床用于机体虚弱、消化不良、胃肠弛缓及臌气等。

用法和用量：姜酊系由姜流浸膏 200 克加 90% 酒精 1 000 毫升浸制而成。内服，牛 40～80 毫升。用时加 5～10 倍水稀释，以减少对黏膜的刺激。

（4）氯化钠

作用与用途：有增进食欲，帮助消化，健胃作用。

用法和用量：内服，牛每次 20～50 克。

(5) 碳酸氢钠

作用与用途：内服适量的碳酸氢钠后，能迅速中和胃酸，用于胃酸过多所引起的消化不良或胃肠卡他等。静注3%~5%碳酸氢钠溶液，可用来治疗代谢性酸中毒。

用法和用量：牛30~100克，1次内服。缓解酸中毒，可用3%~5%碳酸氢钠注射液，按牛15~30克（按碳酸氢钠计算的量），静注。

(6) 人工盐

作用与用途：内服小剂量，有健胃作用，用于治疗胃酸过多、慢性消化不良和胃肠弛缓等。内服较大剂量，有缓泻作用，常与制酵药配合应用于便秘初期。本品忌与酸性药物配合使用。

用法和用量：内服（健胃），牛50~100克；内服（缓泻），牛200~400克。

(7) 干酵母

作用与用途：常用于食欲缺乏、消化不良和B族维生素缺乏症的辅助治疗药。

用法和用量：内服，牛120~150克。

155. 常见瘤胃兴奋药有哪些?

(1) 酒石酸锑钾

作用与用途：临床上主要用作兴奋瘤胃，治疗前胃弛缓。本品不是一种理想的瘤胃兴奋药，但因尚无更好的瘤胃兴奋药，故各地仍在沿用。

用法和用量：内服，牛4~6克，用时加水稀释成3%~5%溶液灌服。

(2) 浓氯化钠注射液

作用与用途：常用于前胃弛缓、瘤胃积食、胃扩张、便秘。本品的作用缓和，疗效良好，临床上比较常用。

用法和用量：牛 200~300 毫升，或按每千克体重 1 毫升静注，一般使用 1 次，必要时第 2 天再用 1 次。静注速度宜慢，不可漏出血管外。心脏衰弱的病畜慎用。

156. 常见止泻药有哪些？

（1）鞣酸

作用与用途：鞣酸能保护胃肠黏膜免受刺激，减少疼痛，并使局部毛细血管收缩，渗出物减少，因此有局部消炎、止血、镇痛和止泻作用。内服后部分到达小肠后再分解出鞣酸，呈现收敛止泻作用。

用法和用量：

外用。以新配制的 5%~10% 水溶液，敷布小面积的烧伤；5%~15%水溶液，可作局部毛细血管渗血的止血剂；5%~20% 软膏或撒布剂（单用或与硼酸、滑石粉等配伍），用于治疗糜烂性湿疹、溃疡和褥疮等。

内服。治疗腹泻，鞣酸的内服量，牛每次 10~20 克。每天 2~3 次。

（2）鞣酸蛋白

作用与用途：临床用于治疗急性肠炎、非细菌性腹泻等。

用法和用量：内服，牛 10~20 克。

（3）次碳酸铋

作用与用途：内服后大部分被于肠黏膜表面，起机械性保护作用。另外，还可抑菌，用于胃肠炎、腹泻等。

用法与用量：内服，牛 15~30 克。

（4）药用活性炭

作用与用途：吸附作用很强，能吸附大量的气体、化学物质和细菌毒素等，并能覆盖于黏膜表面，保护肠黏膜免受刺激，使肠蠕动减慢，发挥止泻作用。

用法和用量：内服，牛 100~200 克，加水制作成混悬液灌服。

（5）其他抗菌性止泻药

其他抗菌性止泻药，指对病原菌所引起的肠炎、腹泻有对症治疗作用的药物，如抗生素中的土毒素、链霉素，磺胺类药中的新诺明等，均可作为止泻药。

157. 常见泻药有哪些？

（1）硫酸钠

作用与用途：少量内服硫酸钠，能轻度刺激消化道黏膜，促进胃的蠕动、增加分泌，故有一定的健胃作用。大量内服时，因保有大量水分，可稀释和软化粪块，促进排粪。

用法和用量：用作健胃时，1 次内服，牛 15~50 克。用于泻下时，1 次内服，牛 400~800 克，用时加水制成 4%~6%溶液为宜。牛瓣胃阻塞时，可用 25%~30%硫酸钠溶液 250~300 毫升，直接注入瓣胃内。

（2）大黄

作用与用途：内服小剂量的大黄，呈现苦味健胃作用。内服中等剂量的大黄，呈现收敛止泻作用。内服大剂量的大黄，刺激肠黏膜，使肠蠕动增强，引起泻下。一般要在用药后 6~12 小时才能起效。临床很少将大黄单独作为泻药，常与硫酸钠配合应用，可出现良好的致泻效果。

用法和用量：大黄末，内服（健胃），牛 20~40 克。配合硫酸钠内服（泻下），牛 100~150 克。大黄苏打片，内服（健胃），牛 6~15 克。

（3）液体石蜡

作用与用途：本品内服后以原形通过肠道，润滑肠腔，保护肠黏膜，软化粪便，作用缓和，应用安全。适用于治疗各种便秘，如小肠阻塞、大肠便秘、有肠炎的病畜及孕畜的便秘等。

用法和用量：内服，牛 500~1 000 毫升。

158. 主要用于皮肤和黏膜消毒、防腐的药物有哪些？

（1）乙醇

作用与用途：70%~75%乙醇溶液杀菌力最强，可杀死一般繁殖型病菌，对芽孢无效。浓度超75%时影响杀菌效果。

用法和用量：70%~75%乙醇用于手指、皮肤、注射针头、小件医疗器械等身体部位及物品的消毒。70%~95%乙醇涂擦或热敷时，可促进炎性渗出物吸收，减轻疼痛，用于急性关节炎、腱鞘炎、肌炎、蜂窝织炎等。内服少量乙醇有健胃、祛风、助消化作用。

（2）水杨酸

作用与用途：抗菌作用虽弱，但抗霉菌，并有溶解角质的作用。

用法和用量：水杨酸5%~10%的乙醇溶液治疗霉菌性皮炎，能溶解角质，促进坏死组织脱落。5%乙醇溶液或纯品治疗蹄叉腐烂，1%软膏用于治疗肉芽创。

（3）碘

作用与用途：对细菌、芽孢、真菌、病毒和原虫有强大杀灭作用。对机体黏膜、皮肤有刺激性，可使局部组织充血，能促进炎性产物的吸收。

用法和用量：2%~5%碘酊用于手术部位、注射部位消毒。10%浓碘酊主要作为皮肤刺激药，用于慢性腱炎、关节炎、骨膜炎等。5%碘甘油常用于各种黏膜炎症。

（4）鱼石脂

作用与用途：有防腐、消炎、消肿、抑制分泌及温和刺激等作用，用于各种皮炎、蜂窝织炎、腱炎、腱鞘炎、溃疡、湿疹等。内服有防腐制酵和促进胃肠蠕动功用，常用于胃臌胀、前胃弛缓、急性胃扩张等。

用法和用量：外用涂敷常用30%~50%软膏剂。内服时，用2倍量乙醇溶解，然后加水稀释成3%~5%溶液灌服，牛10~30克。

159. 主要用于厩舍和用具消毒的药物有哪些？

（1）来苏水

作用与用途：来苏水是含50%煤酚皂的溶液，有特殊臭味，屠宰场、乳牛舍忌用。

用法和用量：1%~2%溶液，用于手、皮肤消毒；5%溶液，用于喷洒环境和用具消毒；0.5%溶液，可冲洗阴道、子宫。

（2）苯酚

作用与用途：可杀灭细菌繁殖体、真菌和某些病毒，但对芽孢无效。

用法和用量：2%~5%水溶液浸泡医疗器械，消毒房屋和厩舍等，忌与碘、过氧乙酸、高锰酸钾等合用；1%水溶液和2%软膏用于皮肤痛痒、消炎。

（3）氧化钙（生石灰）

作用与用途：对多数繁殖型病菌有较强的消毒作用。

用法和用量：现配的10%~20%石灰乳用于涂刷，对厩舍、墙壁、畜栏消毒；将生石灰直接撒在潮湿的地面、粪池周围及污水沟处进行消毒。

第十一章

免疫接种技术

160. 疫苗的种类有哪些?

由病原微生物、寄生虫以及其组分或代谢产物所制成的、用于人工自动免疫的生物制品，称为疫苗。由细菌、病毒、立克次体、螺旋体、支原体等完整微生物制成的疫苗，称为常规疫苗。常规疫苗分为活疫苗、灭活疫苗、类毒素，以及多价苗与联苗。

161. 活疫苗的特点和优缺点有哪些?

活疫苗是指用通过人工诱变获得的弱毒株，或者是自然减弱的天然弱毒株（但仍保持良好的免疫原性），或者是异源弱毒株所制成的疫苗。

（1）活疫苗的优点

①免疫效果好。活疫苗用量较少，而机体所获得的免疫力比较坚强而持久。

②接种途径多。可通过滴鼻、点眼、饮水、口服、气雾等途径，刺激机体产生细胞免疫、体液免疫和局部黏膜免疫。

（2）活疫苗的缺点

①可能出现毒力返强。

②贮存、运输要求条件较高。一般冷冻干燥活疫苗，需-15℃以下贮藏、运输，因此必须配备低温贮藏、运输设施进行低温贮藏、运输，才能保证疫苗质量。

③免疫效果受免疫动物用药状况影响。活疫苗接种后，疫苗菌毒株在机体内有效增殖，才能刺激机体产生免疫保护力，如果免疫动物在此期间用药，就会影响免疫效果。

162. 灭活疫苗的特点和优缺点有哪些?

灭活疫苗是选用免疫原性良好的细菌、病毒等病原微生物经人工培养后，用物理或化学方法将其杀死（灭活），使其传染因子被破坏但仍保留其免疫原性所制成的疫苗。灭活疫苗根据所用佐剂不同又可分为氢氧化铝胶佐剂、油乳佐剂、蜂胶佐剂等灭活疫苗。

（1）灭活疫苗的优点

①安全性能好，一般不存在散毒和毒力返祖的危险。

②易于贮藏和运输。

③受母源抗体干扰小。

（2）灭活疫苗的缺点

①接种途径少。主要通过皮下或肌肉注射进行免疫。

②产生免疫保护所需时间长，通常需2~3周才能产生免疫力，故不适合用于紧急预防免疫。

③疫苗吸收慢，注射部位易形成结节，影响肉品质量。

163. 类毒素有什么特点?

类毒素是指将细菌在生长繁殖中产生的外毒素，用适当方法（如甲醛溶液处理后）消灭其毒性，而仍保留其免疫原性，称为类毒素。类毒素产品注入机体后吸收较慢，可较久地刺激机体产生高滴度抗体以增强免疫效果。如破伤风类毒素，注射一次，免疫期1年；第二年再注射一次，免疫期可达4年。

164. 多价苗与联苗有什么特点?

多价苗是将同一种细菌（或病毒）的不同血清型混合制成的疫苗。如巴氏杆菌多价苗、大肠杆菌多价苗。联苗是由2种以上病原微生物（细菌或病毒）联合制成的疫苗。一次免疫可以达到预防几种疾病的目的。如“猪瘟、猪丹毒、猪肺疫”三联苗，“蛋禽新城疫、减蛋综合征、传染性法氏囊”三联苗。

165. 疫苗如何安全运输?

（1）包装

短距离运输可以用泡沫箱或保温瓶，装入疫苗后还要加装适量的冰块、冰袋等降温材料，立即盖上泡沫箱盖或瓶盖，再用塑料胶布密封严实即可。

（2）保温

①冻干活疫苗。应冷藏运输。如果量小，可将疫苗装入保温瓶或保温箱内，再放入适量冰块进行包装运输；如果量大，需用冷藏运输车运输。

②灭活疫苗。宜在2~8℃的温度下运输。夏季运输要采取降温措施；冬季运输要采取防冻措施，避免冻结。

③细胞结合型疫苗。鸡马立克病血清Ⅰ型、Ⅱ型疫苗必须浸入液氮中，用液氮罐冷冻运输。运输过程中，要随时检查温度，尽快运达目的地。

（3）运输

①严格按照疫苗贮藏温度要求进行运输。

②尽快运输。

③所有运输过程中，必须避免日光暴晒。

166. 疫苗如何安全保管?

疫苗属生物制品，应严格按照疫苗说明书规定的要求贮藏。保存时总的原则是分类、避光、低温冷藏，防止温度忽高忽低。

（1）贮藏条件

①贮藏设备。根据不同疫苗品种的贮藏要求，配置相应的贮藏设备，如低温冰柜、电冰箱、液氮罐、冷藏柜等。

②贮藏温度

冻干活疫苗：一般要求在-15℃条件下冷冻贮藏，温度越低，保存时间越长。如猪瘟活疫苗、鸡新城疫活疫苗等。

灭活疫苗：一般要求在2~8℃条件下贮藏，不能低于0℃，更不能冻结，如口蹄疫灭活疫苗、禽流感灭活疫苗等。

细胞结合型疫苗：如马立克病血清Ⅰ型、Ⅱ型疫苗等必须在液氮中（-196℃）贮藏。

③避光、防潮。所有疫苗都应贮藏于冷暗、干燥处，避免光照直射和防止受潮。

（2）分类存放

按疫苗的品种和有效期分类存放，并标以明显标志，以免混乱而造成差错。超过有效期的疫苗，必须及时清除并销毁。不同剂型疫苗应分开存放。如弱毒类冻干苗与灭活疫苗油剂苗等应分别放置在不同的温度环境中。

（3）建立疫苗管理台账

详细记录出入疫苗品种、批准文号、生产批号、规格、生产厂家、有效日期、数量等信息。应根据说明书要求存放在相应的设备中。相同剂型疫苗应做好标记放置，便于存取。在相同温度条件下存放，应各成一类，各放一处，做好标记，避免混乱。

167. 预防接种前需要准备哪些器械和材料？

预防接种前，要按照畜禽疫病免疫接种计划，根据接种对象及数量，备足器械和所需材料：

①设备与器械

高压灭菌锅或煮沸消毒锅、电炉、疫苗冷藏箱、器械箱。

②注射器及针头

a. 金属注射器。农村动物防疫常用的金属注射器有 5 毫升、10 毫升、20 毫升三种。金属注射器适宜作皮下、肌内注射。金属注射器每天使用后应及时清洗、消毒、晾干，并放松橡胶推动活塞，以延长使用寿命。市场上出售的一次性塑料注射器不能用于动物防疫。

b. 金属针头。防疫用金属针头一般分为牛用、猪（羊）用和家禽用三种。牛用针头一般选择 16×13 号。防疫注射针头使用频率高、损耗大，要选购正规厂家生产的质量好的针头。

c. 三个针盒。一个放置已消毒灭菌的针头，一个放置用过的针头，一个放置灭菌注射器。

③剪毛剪、镊子、体温表、家畜及畜禽编号的用具。

④装有 75%浓度酒精棉球罐、装有 5%浓度碘酊棉球罐；纱布、脱脂棉；绷带；消毒药。

⑤需用的各种疫苗、肾上腺素等解过敏药。

⑥免疫登记表和免疫档案。

⑦工作服、鞋套。

168. 接种前如何进行免疫器械消毒？

①免疫接种前对所有免疫用器械进行严格的高压灭菌或煮沸消毒，经冷却后方可使用。器械、敷料等可采用高压灭菌方法消毒，也可采用煮沸消毒法。

②每次免疫接种回来后，对所有使用过的免疫器械及时疏通、清洗并浸泡于没有腐蚀性的消毒液中至少 1 小时，再用清水充分洗净擦干，用纱布分别包好。使用前，再加开水煮沸消毒 15 分钟或高压灭菌 15 分钟，冷却后无菌操作把已消毒过的纱布纳入消毒盒

内备用。

③新的注射器和新的针头，尤其是连续注射器，须拆开后用清水充分冲净，洗净擦干用纱布包好保存，使用前，再加开水煮沸消毒 15 分钟。用酒精或消毒液浸泡的针头取出即用的方法是错误的。

169. 接种前进行疫苗检查需要注意哪些问题？

使用疫苗前，应认真阅读疫苗说明书，严格按照说明书上标明的用途、方法等使用，尤其应注意说明书中标明的保存期及性状，若疫苗性状变化或已过保存期，均不得使用。稀释疫苗前做好疫苗的肉眼鉴定和检查。有下列情况之一者，不得使用：

①没有瓶签或瓶签上批号、检验号、生产日期等模糊不清。

②瓶塞不紧或瓶子破裂的。

③装量不准确，封口不严密。

④制剂内有异物、发霉和有臭味的。

⑤疫苗的质量与说明书不符合，如色泽、沉淀有变化、冻干苗的冻干饼不能充分混悬、变质等。

⑥超过保存期的。

⑦灭活疫苗破乳或超过规定量分层。

⑧没有按规定方法保存，如加氢氧化铝的菌苗经过冻结。

170. 疫苗如何进行稀释？

①疫苗的稀释必须使用专用的疫苗稀释液。

②稀释疫苗所需注射器、针头、量筒、镊子、备用的空瓶等均需高压或煮沸消毒。

③凡能使用的疫苗，先除去封口上的石蜡，用酒精棉球消毒瓶塞。

④根据瓶塞上的要求，注入所需的稀释液；如该疫苗稀释后，在原瓶内容纳不下，可先吸取数毫升的稀释液将疫苗瓶内疫苗稀释，用注射器吸出，注入消毒的瓶中，然后再吸 1~2 次所需稀释液到原疫苗瓶内洗涤，吸出后注入已稀释的瓶中。

⑤应提前一天将稀释液放置冰箱冷藏，以便次日使用，避免疫苗和稀释液之间的温差太大而影响免疫效果。注入稀释液后，经振摇能充分溶解，无沉淀物或颗粒状物质。给动物注射过的针头，不能吸疫苗液，以免污染疫苗。

171. 疫苗接种的肌内注射法如何操作？

一般针头与皮肤保持 45°角（禽类 15°~30°角为佳），迅速刺入肌肉内 2~4 厘米（视动物品种、大小而定），然后抽动针筒活塞，确认无回血时，即可注入。注射完毕，用酒精棉球压迫针孔部，迅速拔出针头。操作要点是肌内注射必须将疫苗注入肌肉内，切不可注入脂肪层或皮下。牛多在颈部及臀部。

172. 疫苗接种的皮下注射法如何操作？

皮下注射是将疫苗液注射于皮下结缔组织内，经毛细血管、淋巴管吸收进入血液循环。凡是易溶解、刺激性不强的药品及疫苗、菌苗、血清等，均可作皮下注射。

①注射点一般选在皮肤较薄而皮下疏松易移动、活动性较弱的部位，牛多在颈部两侧。

②皮下注射时，每一注射点不宜注入过多的药液，如需注射大量药液则应分点注射。

173. 疫苗接种的皮内注射法如何操作?

皮内注射是指将药液等注入动物表皮和真皮层之间的一种方法，用于某些疾病的变态反应诊断，如牛结核等的预防接种。常用特制的注射器和短针头，如结核菌素注射器、连续注射器等，注射部位根据注射目的的不同可在颈侧中部或尾根内侧。皮内注射的部位、方法及观察一定要准确无误，否则会影响诊断和预防接种的效果。

①局部常规消毒处理后，将皮肤捏起皱襞，注射器针头斜面向上，与注射部位皮肤成 30°角刺入皮内，深达表皮和真皮层之间，按规定量缓慢注入药液，然后拔出针头，局部消毒，注意避免压挤，以防药液流出。

②注射正确时，可见注射部位形成小豆大的隆起，并感到推药时有一定的阻力，如误入皮下则无此感觉。

174. 疫苗接种的滴鼻点眼法如何操作?

滴鼻点眼是用滴管将疫苗液滴进动物的眼睛和鼻孔内。此法牛用得较少。

175. 疫苗接种的气雾免疫法如何操作?

气雾免疫是在疫苗稀释后，用电动或气压喷雾器在动物的上部进行喷雾，动物在雾化环境中停留一段时间而获得免疫。此法牛用得较少。

176. 疫苗接种的刺种法如何操作？

此方法用特制的疫苗刺种针蘸疫苗，在动物皮肤表面接种，刺种即可。此法牛用得较少。

177. 疫苗接种的饮水免疫法如何操作？

根据畜禽的数量、饮水量及免疫剂量等准确算出疫苗和水的用量。此法牛用得较少。

178. 如何判断免疫接种后动物的各种反应？

免疫接种后，在免疫反应时间内，要观察免疫动物的饮食、精神状况等，并抽查检测体温，对有异常表现的动物应予登记，严重时应及时救治。

（1）正常反应

这是指疫苗注射后出现的短时间精神不好或食欲稍减等症状，此类反应一般可不作任何处理，可自行消退。

（2）严重反应

主要表现在反应程度较严重或出现反应的动物数量超过正常比例。常见的反应有震颤、流涎、流产、瘙痒、皮肤丘疹、注射部位出现肿块、糜烂等，最为严重的可引起免疫动物的急性死亡。

（3）并发症

只是个别动物发生的综合症状，反应比较严重，需要及时救治。

①血清病。抗原抗体复合物产生的一种超敏反应，多发生于一次大剂量注射动物血清制品后，注射部位出现红肿、体温升高、荨麻疹、关节痛等，需精心护理和注射肾上腺素等。

②过敏性休克。个别动物于注射疫苗后30分钟内出现不安、呼吸困难、四肢发冷、出汗、大小便失禁等，需立即救治。

③全身感染。这是指活疫苗接种后因机体防御机能较差或遭到破坏时发生的全身感染和诱发潜伏感染，或因免疫器具消毒不彻底致使注射部位或全身感染。

④变态反应。多为荨麻疹。

179. 如何处理动物免疫接种后的不良反应？

①免疫接种后如产生严重不良反应，应采用抗休克、抗过敏、抗炎症、抗感染、强心补液、镇静解痉等急救措施。

②对局部出现的炎症反应，应采用消炎、消肿、止痒等处理措施；对神经、肌肉、血管损伤的病例，应采用理疗、药疗和手术等处理方法。

③对合并感染的病例用抗生素治疗。

180. 如何预防不良免疫反应？

为减少、避免动物在免疫过程中出现不良反应，应注意以下事项：

①保持动物舍温度、湿度、光照适宜，通风良好；做好日常消毒工作。

②制定科学的免疫程序，选用适宜的毒力或毒株的疫苗。

③应严格按照疫苗的使用说明进行免疫接种，注射部位要准确，接种操作方法要规范，接种剂量要适当。

④免疫接种前对动物进行健康检查，掌握动物健康状况。凡发病的，精神、食欲、体温不正常的，体质瘦弱的、幼小的、年老的、怀孕后期的动物均应不予接种或暂缓接种。

⑤对疫苗的质量、保存条件、保存期均要认真检查，必要时先

做小群动物接种试验，然后再大群免疫。

⑥免疫接种前，避免动物受到寒冷、转群、运输、脱水、突然换料、噪声、惊吓等应激反应。可在免疫前后 3~5 天在饮水中添加速溶多维，或维生素 C、维生素 E 等以降低应激反应。

⑦免疫前后给动物提供营养丰富、均衡的优质饲料，增强机体非特异免疫力。

181. 口蹄疫如何免疫接种?

(1) 疫苗选择

选择与本地流行毒株抗原性匹配的疫苗，疫苗产品信息可在中国兽药信息网“国家兽药基础信息查询”平台“兽药产品批准文号数据”中查询。

(2) 推荐免疫程序

①规模场。考虑母畜免疫情况、幼畜母源抗体水平等因素，确定幼畜初免日龄。如根据母畜免疫次数、母源抗体等差异，犊牛可在 90 日龄左右进行初免。所有新生家畜初免后，间隔 1 个月后进行一次加强免疫，以后每间隔 4~6 个月再次进行加强免疫。

②散养户。春秋两季分别对所有易感家畜进行一次集中免疫，每月定期补免。有条件的地方可参照规模场的免疫程序进行免疫。

③紧急免疫。发生疫情时，对疫区、受威胁区的易感家畜进行一次紧急免疫。边境地区受到境外疫情威胁时，结合风险评估结果，对口蹄疫传入高风险地区的易感家畜进行一次紧急免疫。最近 1 个月内已免疫的家畜可以不进行紧急免疫。

182. 布鲁氏菌病如何免疫接种?

(1) 疫苗选择

选择使用布病活疫苗，疫苗产品信息可在中国兽药信息网

“国家兽药基础信息查询”平台“兽药产品批准文号数据”中查询。

(2) 推荐免疫程序

①规模场。3~4 月龄健康犊牛皮下注射 A19 疫苗，或每年秋季对 3 月龄以上牛口服 S2 疫苗。

②散养户。春秋两季分别进行一次集中免疫，可参照规模场的免疫程序进行免疫。

183. 牛结节性皮肤病如何免疫接种？

(1) 疫苗选择

选择使用山羊痘活疫苗，疫苗产品信息可在中国兽药信息网“国家兽药基础信息查询”平台“兽药产品批准文号数据”中查询。

(2) 推荐免疫程序

采用 5 倍免疫剂量的山羊痘疫苗，对 2 月龄以上牛进行免疫。

184. 动物炭疽病如何免疫接种？

(1) 疫苗选择

选择使用无荚膜炭疽芽孢苗或Ⅱ号炭疽芽孢疫苗，疫苗产品信息可在中国兽药信息网“国家兽药基础信息查询”平台“兽药产品批准文号数据”中查询。

(2) 推荐免疫程序

对近 3 年发生过炭疽疫情的地方，在风险评估的基础上，科学确定免疫范围，开展预防性免疫，每月定期补免。

185. 如何进行牛颈静脉采血？

(1) 部位确定

一般在颈静脉沟的上 1/3 和中 1/3 交界处的颈静脉内。

(2) 采血

助手保定好牛头。先看清颈静脉沟，确定部位，局部剪毛、消毒。以拇指或中指和无名指按压颈静脉沟的中下部，或让助手用细绳横勒颈中下部，稍等片刻，让颈静脉充分怒张，右手持针头在注射点按静脉走向，与静脉呈 45°斜向迅速刺入。若牛皮较厚，指力有限，用此法常感困难时，可手持针头，依靠腕力把针头朝静脉方向快速地垂直刺入，当刺入静脉内，立见回血，即可用试管接之。若针头偏离静脉，可将针头稍稍退出或拔至皮下，在认清静脉走向后重新刺入。一般来说，只要刺入静脉，针头内滴出血液可有 5~10 毫升，若滴出血液量较少或较慢，可用手指按压颈静脉中下端片刻即可。采血完毕，迅速拔出针头，用碘酊棉球按压针孔片刻即可。

186. 如何进行牛尾静脉采血？

一人用手抓住牛尾巴往上翘，手离尾根部约 30 厘米；在离尾根 10 厘米左右中点凹陷处，先用酒精棉球消毒，然后用动物用一次性连试管采血器针头垂直刺入（1 厘米深）；针头触及尾骨后再退出 1 毫米即可抽血。

187. 牛瘟如何防治？

牛瘟是一种急性、烈性传染病，发病率和死亡率都很高，另外不仅危害牛，还会造成其他家畜受到感染，是养牛行业的重大危害疾病。

(1) 流行特点

病牛和带毒牛是该病主要传染源，病毒存在于病牛发热期的血液和所有的分泌物和排泄物中，通过分泌物和排泄物向外排毒。健康牛主要通过吸入被污染的空气或食入被污染的饲料和饮水，经呼吸道和消化道感染。该病的流行一般有明显的周期性和季节性，多发生于每年12月至翌年4月，一旦发生，多呈暴发性流行，发病急，传播快，在易感牛群中，发病率接近100%，死亡率在90%以上。

(2) 临床症状

牛瘟潜伏期一般为3~9天，病牛高热稽留，体温升高至41~42℃，精神委顿，食欲减退乃至废绝，呼吸、心跳加快，饮欲增加。眼结膜高度充血，眼睑肿胀，分泌物增多，初为浆液性，后转为黏液性和脓性。鼻黏膜充血，流出黏液脓性鼻液。

口腔黏膜的变化具有特征性，早期口腔黏膜弥漫性充血，流涎，唾液内含有气泡或血丝，上下唇、齿龈、软腭、硬腭、舌、咽喉等部位出现粟粒大的灰色或灰白色小结节，初较坚硬，后变软，结节相互融合形成灰色或黄色假膜，假膜脱落后形成边缘不整齐的烂斑或溃疡。继而发生剧烈腹泻，粪便稀薄如水，混有血液、黏液、假膜，异常恶臭。后期排便失禁。母牛可从阴道流出黏性或脓性分泌物，有时混有血液，阴门红肿，阴道黏膜充血发红。妊娠母牛常流产。全身症状恶化时，病牛严重脱水，迅速消瘦，衰竭死亡。

(3) 防治措施

①疫情报告。各个地区一发现疫情，各地要成立基层防疫小组，逐级上报疫情并通报邻区、邻县、邻省。

②及时封锁。根据实际情况，划定封锁范围的大小。在发现疫情的周围交通要道上设置检疫消毒站，禁止牛只出入疫区和制止饲料和畜产品运出疫区，以防止疫病扩大和蔓延。农区病牛以舍饲隔

离为主，有时可以圈栏隔离。

③消毒管理。牛舍和用具的消毒可因地制宜，力求经济方便，如采用浓度为20%~30%的新鲜草木灰溶液和浓度为10%~20%的石灰乳。在水位高的地方或沙地将病畜尸体焚毁，在燃料和劳力缺乏地区可深埋。

④药物防治疫区的初期病牛和与病牛接触的牛用抗牛瘟血清治疗，在14~21天后，再注射疫苗。健康牛应立即用疫苗普遍进行免疫。

188. 牛海绵状脑病如何预防？

牛海绵状脑病，又称疯牛病，是动物传染性海绵样脑病中的一种，一类动物疫病。

（1）流行特点

该病多发生于4~6岁青年牛，主要病因是摄入混有痒病病羊或该病死牛尸体加工制成的肉骨粉而经消化道感染。

（2）临床症状

症状包括神经症状和一般症状。神经症状有三种表现形式：病牛因恐惧、狂躁而表现出攻击性；后肢共济失调，步态不稳，颤抖，常乱踢乱蹬以致摔倒；触觉和听觉减退，耳对称性活动困难，常一耳向前，另一只耳向后或保持正常。一般症状：精神沉郁，食欲正常，体温偏高，呼吸加快，体重减轻，产奶量减少，终因极度消瘦而死亡。

（3）防治措施

该病以预防为主。严禁在饲料中添加动物肉骨粉。病牛无治疗价值。对患牛及其所在牛群一律捕杀并焚毁处理。不能焚烧的物体和病料，可用高压蒸汽130℃处理2小时，也可用浓度为5.25%的次氯酸钠溶液浸泡。严禁从有疯牛病的国家或地区进口牛只及相关产品，对已从这些地区进口的或用进口牛胚胎等繁殖的牛，实施隔离观察并进行检疫。

189. 牛传染性鼻气管炎如何防治？

牛传染性鼻气管炎又称坏死性鼻炎、红鼻病，是由牛传染性鼻气管炎病毒引起的牛的一种急性接触性传染病。

（1）流行特点

该病主要感染牛，尤以肉牛较为多见。肉用牛群发病率可高达75%。其中以20~60日龄犊牛最易感，病死率较高。病牛和带毒牛为该病主要传染源。常通过空气、飞沫、精液和接触传播，病毒也可通过胎盘侵入胎儿引起流产。该病毒可导致持续性感染，隐性带毒牛往往是最危险的传染源。该病秋、冬寒冷季节较易流行，特别是舍饲的大群牛，因过分拥挤、密切接触而更易迅速传播。

（2）临床症状

该病自然感染潜伏期一般为4~6天，人工感染（气管内、鼻内、阴道滴注接种）时，潜伏期可缩短至18~72小时，可表现以下临床类型。

①鼻气管炎。最常见的症状，有轻有重。病初高热（40~42℃），精神委顿，厌食，流泪，流涎，流黏脓性鼻液。母牛乳产量突然下降。鼻黏膜高度充血，呈火红色，并出现黏膜坏死。呼吸高度困难，呼出气体恶臭，咳嗽不常见。一般经10~14天症状消失。

②传染性脓疱性阴道炎。病初轻度发热，食欲无影响，产奶量无明显改变。动物表现不安，频尿，排尿时因疼痛而尾部高举。外阴和阴道黏膜充血潮红，有时黏膜上面散在有灰黄色、粟粒大的脓疱，阴道内见有多量的黏脓性分泌物。重症病例，阴道黏膜被覆伪膜，并见有溃疡。孕牛一般不发生流产。病程约2周。

③传染性龟头包皮炎。龟头、包皮、阴茎等充血，有时可见阴茎弯曲或形成溃疡等。多数病例见有精囊腺变性、坏死。通常在出

现病变后一周开始痊愈，彻底痊愈需两周左右。若为种公牛，患病后3~4月间失去配种能力，但可成为传染源，应及时淘汰。

④角膜结膜炎。多与上呼吸道炎症合并发生，病初由于眼睑水肿和眼结膜高度充血，流泪，角膜轻度混浊，一般无溃疡，无明显的全身反应。重症病例，可见眼结膜形成灰黄色针头大颗粒，致使眼睑黏着大量分泌物和眼结膜外翻。眼、鼻流浆性或脓性分泌物。

⑤流产。一般见于初胎青年母牛怀孕期的任何阶段，有时也见于经产牛。常于怀孕的第5~8个月发生流产，多无预兆，约有50%流产牛见有胎衣滞留，流产胎儿不见有特征性肉眼病变。

⑥肠炎。见于2~3周龄的犊牛，在发生呼吸道症状的同时，出现腹泻，甚至排血便，病死率20%~80%。

上述症状往往不同程度地同时存在，很少单独发生。

（3）防治措施

最重要的防控措施是严格检疫，防止引入传染源和带入病毒。抗体阳性牛实际上就是该病的带毒者。因此，具有该病病毒抗体的任何动物都应视为危险的传染源，应采取措施对其严格管理。我国发生该病时，应采取隔离、封锁、消毒等综合性措施，最好予以扑杀或根据具体情况逐渐将其淘汰。

目前使用的疫苗有灭活疫苗和弱毒疫苗，可起到预防发病的效果，但疫苗免疫不能阻止野毒感染，也不能阻止潜伏病毒的持续性感染。因此，采用灵敏的检测方法（如PCR技术）检出阳性牛并扑杀，应该是目前根除该病的有效途径。

190. 巴氏杆菌病如何预防?

巴氏杆菌病又称为出血性败血症，是由多杀性巴氏杆菌引起多种动物感染的一种传染病。该病的特征是急性型表现为败血症和炎性出血等变化；慢性型则表现为皮下、关节以及各脏器的局灶性化脓性炎症。

(1) 流行特点

动物中牛、绵羊发病较多。在牛中多见于犊牛，在绵羊中多发于幼龄羊和羔羊，山羊不易感染。患病牛羊和带菌牛羊为主要传染源，健康牛羊上呼吸道也可能带菌。该病主要经过呼吸道、消化道传染，也可经皮肤、黏膜的损伤和吸血昆虫叮咬感染。带菌的牛羊在受寒、长途运输、饲养管理不当使抵抗力降低时可发生内源性传染。该病一年四季均可发生，但以冷热交替、气候剧变、闷热、潮湿、多雨时期发生较多，呈地方性流行或散发。

(2) 临床症状

牛巴氏杆菌病按临诊症状分为急性败血型、肺炎型和水肿型3种类型。

①急性败血型。最初常发现少数病牛突然倒毙，并无任何明显的症状；多数病牛体温突然升高到41～42℃，精神沉郁，鼻镜干燥，食欲废绝，反刍停止；呼吸困难，黏膜发绀，鼻流带血的泡沫，腹泻，粪便带血，一般于24小时内因虚脱而死亡。剖检时往往没有特征性病变，只见黏膜和内脏表面有广泛性的点状出血。

②肺炎型。此型最为常见。病牛犊呼吸困难，有痛性干咳，鼻流无色或带血泡沫。叩诊胸部，一侧或两侧有浊音区；听诊有支气管呼吸音和啰音，或胸膜摩擦音。严重时，呼吸高度困难，头颈前伸，张口伸舌，病牛犊迅速窒息死亡。剖检主要病变为纤维素性胸膜肺炎，胸腔内有大量蛋花样液体，肺与胸膜、心包粘连，肺组织肝样变，切面红色或灰黄色、灰白色，散在有小坏死灶，小叶间质稍增宽。

③水肿型。多见于牦牛，病牛胸前和头颈部水肿，严重者波及腹下，肿胀硬固热痛。舌高度肿胀，呼吸困难，皮肤和黏膜发绀，眼红肿、流泪。病牛常窒息而死。剖检可见肿胀部呈出血性胶样浸润。

(3) 防治措施

①预防。平时加强饲养管理，注意通风换气和防暑防寒，避免

过度拥挤，减少或消除降低机体抗病能力的因素，并定期进行牛舍及运动场消毒，杀灭环境中可能存在的病原体；坚持全进全出的饲养制度；在经常发生该病的疫区，可以定期接种出血性败血病菌苗。发生该病时，对病牛进行隔离治疗的同时，对于同群假定健康牛应仔细观察、测温，可用磺胺类药物或抗生素做紧急药物预防，隔离观察一周后如无新病例出现，可再注射菌苗。也可用菌苗进行紧急接种预防，但应注意菌苗紧急接种预防时，被接种的牛应在接种前后至少1周内不得使用抗菌药物，同时，还应做好潜伏期患病牛发病的紧急抢救准备。发病后，牛舍可用浓度为5%的漂白粉溶液或10%的石灰乳等彻底消毒。必要时全群可用高免血清作紧急免疫接种。

②治疗。发生该病时，应立即隔离患病牛并严格消毒其污染场所，在严格隔离的条件下对患病牛进行治疗，常用的治疗药物有青霉素、链霉素、庆大霉素、磺胺类、四环素类等多种抗菌药物，也可选用高免或康复动物的抗血清。对牛在应用抗菌消炎疗法的同时，再结合解热、镇痛、补液、解毒、强心等对症辅助疗法。还可以应用中药疗法，如用大黄、薄荷、玄参、柴胡、桔梗、连翘、荆芥、板蓝根各15克，酒黄芩、甘草、马勃、牛蒡子、青黛、陈皮各10克，滑石30克，酒黄连6克，升麻5克，水煎候温灌服。

191. 结核病如何预防？

结核病是由结核分枝杆菌引起的人兽共患的一种慢性传染病。其特征是病程缓慢、渐进性消瘦、咳嗽、衰竭，并在组织器官中形成结核结节性肉芽肿和干酪样、钙化的结节性坏死病灶。

（1）流行特点

该病主要传染源是患病畜和带菌畜，病畜通过泌乳、排粪和呼气将大量结核分枝杆菌排到外界，污染了饲料、饮水，或用患畜的奶饲喂犊牛可致感染。该病主要经呼吸道和消化道而感染，也可通过胎盘传播或交配感染，其中经呼吸道传染的威胁最大。该病一年四季都可发生。

(2) 临床症状

该病潜伏期长短不一，一般为10~15天，有时达数月以上。病程呈慢性经过，表现为进行性消瘦，咳嗽，呼吸困难，体温一般正常。牛结核多侵害肺、乳房、肠和淋巴结等，生殖器官结核、神经结核也时有发生。

①肺结核。病牛呈进行性消瘦，病初有短促干咳，渐变为湿性咳嗽，在早晨、运动及饮水后特别显著，有时流淡黄色黏液或脓性鼻液，呼吸促迫，咽后淋巴结常肿大。被毛粗乱、无光泽。部分病牛常伴发浆膜粟粒性结核，又称“珍珠病”，此时按压肋间有痛感，听诊肺区有啰音，胸膜结核时可听到胸膜摩擦音。

②乳房结核。乳量渐少或停乳，乳汁稀薄，有时混有脓块，严重者泌乳停止。乳房淋巴结肿大，常在后方乳腺区出现局限性或弥漫性硬结。乳房表面凹凸不平，硬结无热痛。由于缺乳和乳腺萎缩，两侧乳房不对称。

③肠结核。多见于犊牛，表现为消化不良、食欲缺乏，以便秘与下痢交替出现或顽固性下痢为特征，粪便呈粥样，混有黏液和脓汁。

④淋巴结核。这不是一个独立病型，各种结核病的附近淋巴结都可能发生病变。淋巴结肿大无热痛，有时形成不易愈合的溃疡。常见于下颌、咽颈及腹股沟等淋巴结。

(3) 防治措施

①加强消毒。每年进行2~4次预防性消毒，每当牛群出现阳性病牛后，都要进行一次大消毒。常用消毒药为浓度为5%的来苏儿（煤酚皂溶液）或克辽林（臭药水）、浓度为10%的漂白粉溶液、浓度为3%~5%的甲醛溶液或浓度为3%的氢氧化钠溶液。

②净化感染牛群。淘汰有临床表现的阳性牛以及检疫后的阳性牛。对污染牛群，每年进行3次以上检疫，检出的阳性牛及可疑牛

立即分群隔离，对阳性牛应及时扑杀，进行无害化处理。同时，及时对污染的养牛场所及用具严格消毒。可疑病牛在隔离饲养期间生产的牛乳做无害化处理。假定健康群向健康群过渡的牛群，应在第一年每隔3个月进行一次检疫，直到无阳性牛出现为止。然后在1~1.5年的时间内连续3次检疫，全为阴性的，即认为是健康群。

③检疫检测牛群。对于临诊健康的牛群，每年春秋各进行一次变态反应检疫，淘汰阳性牛。引进牛时，在产地检疫阴性方可引进。运回后隔离观察1个月以上再行检疫，阴性者才能合群。结核病人不得从事养牛。

第十二章

绿色食品肉牛养殖

192. 绿色食品认证的基础知识有哪些？

（1）绿色食品概念

绿色食品是指遵循可持续发展原则，按照特定生产方式生产，经专门机构认定，许可使用绿色食品标志的无污染的安全、优质、营养类食品。绿色食品并非指“绿颜色”的食品，而是对无污染食品的一种形象表述。由于与环境、健康和安全相关的事物通常冠之以“绿色”，为了突出这类食品出自良好的生态环境，对环境保护的有利性和产品自身的无污染与安全性，因此命名为绿色食品。

（2）绿色食品标志

为了与一般的普通食品相区别，绿色食品实行标志管理。绿色食品标志由特定的图形来表示。绿色食品标志图形由三部分构成：上方的太阳、下方的叶片和中心的蓓蕾。标志图形为正圆形，意为保护、安全。整个图形描绘了一派明媚阳光照耀下的和谐生机，告诉人们绿色食品是出自纯净、良好生态环境的安全、无污染食品，能给人们带来蓬勃的生命力。绿色食品标志还提醒人们要保护环境和防止污染，通过改善人与环境的关系，创造自然界新的和谐。

绿色食品标志商标作为特定的产品质量证明商标，1996 年已由中国绿色食品发展中心在国家工商行政管理局注册，从而使绿色食品标志商标专用权受《中华人民共和国商标法》保护，这样既有利于约束和规范企业的经济行为，又有利于保护广大消费者的利益。目前，绿色食品商标已在国家知识产权局商标局注册的有以下十种形式。

（3）标志使用管理

绿色食品实施商标使用许可制度，使用有效期为三年，三年到期要续展。在有效使用期内，绿色食品管理机构每年对用标企业实施年检，组织绿色食品产品质量定点检测机构对产品质量进行抽检，并进行综合考核评定，合格者继续许可使用绿色食品标志，不合格者限期整改或取消绿色食品标志使用权。

193. 绿色食品认证要求有哪些？

（1）绿色食品申请人必备的条件

①申请人应为在国家工商行政管理部门登记取得营业执照的企业法人、农民专业合作社、个人独资企业、合伙企业、国有农场、国有林场和兵团团场等生产单位。

②具有稳定的生产基地。

③具有绿色食品生产的环境条件和生产技术。

④具有完善的质量管理体系，并至少稳定运行一年。

⑤具有与生产规模相适应的生产技术人员和质量控制人员。

⑥申请前三年内无质量安全事故和不良诚信记录。

⑦与绿色食品工作机构或检测机构不存在利益关系。

⑧“集团公司+分公司”可作为申请人，分公司不可独立作为申请人。

⑨全军农副业生产基地申请绿色食品应按中国绿色食品发展中心相关规定执行。

⑩申请产品应为现行《绿色食品产品标准适用目录》范围内产品，但产品本身或产品配料成分属于卫健委发布的“可用于保健食品的物品名单”中的产品（其中已获卫健委批复可作为普通食品管理的产品除外），需取得国家相关保健食品或新食品原料的审批许可后方可进行申报。

⑪预包装产品必须要有注册商标（含授权使用商标）。

⑫蔬菜或水果初次申报的主体，应一次性完成基地全部产品的申报（即平行生产产品也一起申报）。

⑬委托加工产品（不含委托屠宰加工）要求被委托方必须是绿色食品企业。

⑭申请人至少要有一名通过中国绿色食品发展中心培训合格的

绿色食品企业内检员。(在县级绿色食品机构指导下完成)

⑮申请人必须注册国家农产品质量安全追溯管理信息平台 http：//www. qsst. moa. gov. cn。(在县级绿色食品机构指导下完成)

⑯其他要求

a. 暂不受理油炸方便面、叶菜类酱菜（盐渍品）、火腿肠及作用机理不甚清楚的产品（如减肥茶）的申请。

b. 绿色食品拒绝转基因技术。由转基因原料生产（饲养）加工的任何产品均不受理。

c. 无稳定原料生产基地（不包括购买全国绿色食品原料标准化生产基地原料或绿色食品及其副产品的申请人），且实行委托加工的，不得作为申请人。

d. 牛羊养殖申请人为专业合作社、家庭农场等经营主体除完全草原放牧外，其他饲养方式的暂不受理。

(2) 绿色食品申请人最小生产规模要求

绿色食品申请人生产规模（指同一申请人申报同一类别产品如粮油作物种植、肉牛养殖等的总体规模）还应符合以下要求：

①种植业：粮油作物产地规模达到 500 亩以上；露地蔬菜产地规模达到 200 亩以上；设施蔬菜产地规模达到 100 亩以上；水果产地规模达到 200 亩以上；茶叶产地规模达到 100 亩以上；土栽食用菌产地规模达到 50 亩以上；基质栽培食用菌产地规模达到 50 万袋。

②养殖业：肉牛年出栏量或奶牛年存栏量达到 500 头以上；肉羊年出栏量达到 2 000 头以上；生猪年出栏量达到 2 000 头以上；肉禽年出栏量或蛋禽年存栏量达到 10 000 只以上；鱼、虾等水产品湖泊水库养殖面积达到 500 亩以上，养殖池塘面积达到 200 亩以上。

194. 绿色食品认证有哪些程序？

绿色食品认证包括认证申请、受理及文审、现场检查、环境监测、产品检测、认证审核、颁证等环节。每个环节都很重要，文审决定是否受理其申请，现场检查的结果决定其是否能够通过初审上报，环境监测决定产地是否符合绿色食品生产，产品检测决定申报产品是否符合绿色食品产品标准，认证审核包括初审、一审、二审、专家评审等审核决定申请能否通过。（详见附录2：绿色食品认证流程图）

（1）申请人须提交的材料（种植业）

①《绿色食品标志使用申请书》和《种植产品调查表》。

②质量控制规范：应包括基地组织机构设置、人员分工，投入品供应、管理，种植过程管理，产品收后管理，仓储运输管理等内容，需要批准人签字或申请人盖章。如有平行生产的，应提供平行生产管理制度。

③种植规程：需要申请人盖章。

④基地位置图和地块分布图。

⑤基地来源及相关权属证明，基地清单（需要申请人盖章）。

a. 自有基地。若申请人自有土地，应提供自有产权证明，如产权证、林权证、国有农场所有权证书等；若申请人为以土地入股型合作社，应提供合作社章程和合作社社员清单；若申请人为流转土地，应提供至少2份土地流转合同、土地承包合同复印件，并提供基地清单。

b. 公司+合作社+农户。“公司+农户”生产组织模式，应提供至少2份与农户签订的有效期3年以上的委托生产合同复印件、基地清单和农户清单；对于农户数50户以下的申请人要提供全部农户清单，对于50户以上的，要求申请人建立内控组织（内控组织不超过20个），即基地内部分块管理，并提供所有内控组织负责人的姓名及其负责地块的种植品种、农户数、种植面积及预计产量。“公司+合作社+农户”生产组织模式，应提供至少 2 份与合作社签订的及 2 份合作社与农户签订的有效期 3 年以上委托生产合同复印件、基地清单。

c. 原料标准化基地：申请人在基地范围内或与基地内生产经营主体签订原料有效期 3 年以上供应合同的；基地办应提供申请人或生产经营主体在基地范围内的证明。

⑥生产记录（仅续展申请人提供）。

⑦预包装食品标签设计样张（仅预包装产品提供）。

⑧环境质量检测报告。

⑨产品检验报告。

⑩中国绿色食品发展中心要求提供的相关文件。

⑪国家农产品质量安全追溯管理信息平台注册证明。

……

附录一

北方放牧区　绿色食品肉牛养殖规程（LB/T 155—2020）

中国绿色食品发展中心　发布

1　范围

本规程规定了北方放牧区绿色食品肉牛养殖的产地环境、牛场建筑布局及牛舍要求、引种、投入品使用、饲养管理、疫病防控、转运、废弃物处理与利用、档案记录与追溯体系各环节应遵循的准则。

本规程适用于内蒙古、黑龙江、新疆的绿色食品肉牛养殖。

2　规范性引用文件

下列文件对于本文件的应用是必不可少的。凡是注日期的引用文件，仅注日期的版本适用于本文件。凡是不注日期的引用文件，其最新版本（包括所有的修改单）适用于本文件。

GB 18596　畜禽养殖业污染物排放标准

NY/T 391　绿色食品　产地环境质量

NY/T 393　绿色食品　农药使用准则

NY/T 394　绿色食品　肥料使用准则

NY/T 471　绿色食品　饲料及饲料添加剂使用准则

NY/T 472　绿色食品　兽药使用准则

NY/T 815　肉牛饲养标准

NY/T 1168　畜禽粪便无害化处理技术规范

中华人民共和国动物防疫法

中华人民共和国国务院令〔2011〕第153号　种畜禽管理条例

中华人民共和国农业部令〔2010〕第6号　动物检疫管理办法

中华人民共和国国务院令〔2013〕第643号　畜禽规模养殖污染防治条例

《病死及病害动物无害化处理技术规范》（农医发〔2017〕25号）

3 产地环境

3.1 基地选址

3.1.1 牛场建设前应经环境评估，产地环境应符合 NY/T 391 要求。

3.1.2 牛场建设选择避风向阳、干燥、通风、排水良好、易于组织防疫的地点；水源充足，能够满足生产和生活用水需要，且符合 NY/T 391 要求。

3.1.3 距离生活饮用水源地、动物饲养场、养殖小区和城市居民区等人口集中区及公路、铁路等和主要干线 2km 以上；距离动物隔离场所、无害化处理场所、动物屠宰加工场所、动物和动物产品集贸市场、动物诊疗场所 5km 以上。

3.1.4 场区应选择在居民点的下风向或侧风向，远离化工厂、屠宰厂、制革厂等容易造成环境污染企业及居民点污水排出口；远离畜禽疫病常发区及山谷、洼地等易受洪涝威胁的地段。

3.2 气候条件

温带季风气候，一年四季分明，夏季干旱凉爽，冬季寒冷干燥。日均最低气温-5℃，日均最高气温 8℃。

3.3 地形地势

以草甸草原、典型草原为主，以及丘陵、山地、平原等。

4 牛场建筑布局

4.1 牛场内分区设置饲料加贮藏区、生活区、办公管理区、技术服务区、养殖区和废物处理区，各功能区、主干道、净道、污道、绿化林带、排水沟、附属设施布局必须符合防疫防火安全，生产管理便利，环境卫生整洁，便于机械化作业的现代养殖场建设要求。草料库宜设在棚圈侧风向处，并保持 20m 以上距离，确保安全用电，并配备必要的防火设施与设备。

4.2 生活区、办公管理区、技术服务区应设在地势较高的上风向，养殖区应设在以上三区常年主导风向的下风向，废物处理区应设在地势较低且位于整个场区的下风向或偏离风向区域。

4.3　场区入口要设置消毒池，消毒池长度大于大型机动车车轮周长的一周半，宽度与大门宽度相等，深度能保证入场车辆所有车轮外延充分浸在消毒液中；同时建立消毒间，消毒间安装相关消毒设施。

4.4　饲养和加工场地应设有与生产相适应的消毒设施、更衣室、兽医室等，并配备工作所需的仪器设备。

4.5　牛舍结构按不同生长阶段设计，做到保温隔热，地面和墙壁应便于清洗和消毒。

4.6　牛舍应通风良好，舍内环境符合 NY/T 388 要求。

5　引种

5.1　种牛引进

应从具有种畜禽经营许可证的种牛场或育种核心群引进，防疫检疫要严格执行《种畜禽管理条例》第 7、8、9 条，并按照《动物检疫管理办法》的标准进行检疫。提供《种畜禽经营许可》《动物防疫条件合格证》《动物检疫合格证明》和《种畜档案》。

5.2　隔离观察

引进的种牛应在隔离场（区）内隔离观察饲养 30d 以上，经兽医检查确定为健康合格后，转入生产群。从国外引进种牛需隔离饲养 3~4 个月。

6　投入品使用

6.1　饲草饲料

6.1.1　饲草的产地环境应符合 NY/T 391 要求，生产用种子来源于绿色食品生产管理系统生产的牧草与饲料作物种子，来源固定，非转基因。生产过程中施用农药、肥料应分别符合 NY/T 393 和 NY/T 394 要求。

6.1.2 购置饲草饲料应来源于绿色食品种植基地的农作物、秸秆或优质牧草。饲料原料如玉米、麸皮、豆粕等应来源于绿色食品生产基地。

6.1.3 饲草饲料应品质优良、无污染、无霉变，并符合 NY/T 471 要求。

6.1.4 饲料原料来源及组成成分应符合 NY/T 471 的规定要求，玉米、豆粕等不能为转基因品种。

6.1.5 应建立饲草料使用记录和饲草饲料留样记录，使用的饲草饲料样品至少保留 3 个月，对饲草、饲料原料及其产品采购来源、质量、标签情况等进行记录。

6.1.6 不同种类饲草饲料应分类存放、清晰标识，防止饲草饲料变质和交叉污染。

6.1.7 使用自制配合饲料的肉牛养殖场应保留饲料配方。

6.2 饮水

水质应符合 NY/T 391 要求。定期清洗消毒饮水设备，消毒剂的使用符合 NY/T 472。采用自由饮水或定时定点饮水。

6.3 兽药

6.3.1 兽药使用应符合 NY/T 472 要求。

6.3.2 使用时应按照产品说明操作，处方药应按照兽医出具的处方执行。

6.3.3 建立兽药采购记录和用药记录。采购记录应包括产品名称、购买日期、数量、批号、有效期、供应商和生产厂家等信息。用药记录应包括用药牛只的批次与数量、兽药产品批号、用药量、用药开始时间和结束日期、休药期、药品管理者和使用者等信息，同时应保留使用说明书。

6.3.4 兽药应按照药品说明书要求进行储藏，过期药物应及时销毁处理。

7 饲养管理

肉牛各阶段饲养标准执行 NY/T 815。

7.1 犊牛饲养管理

7.1.1 初生（1 周）

犊牛出生后应立即清除口腔和鼻孔内的黏液，剪断脐带，擦干被毛，哺食初乳，自然哺乳。不能主动哺乳时，采取人工饲喂初乳。母牛、犊牛在产房内停留 7d。

7.1.2 1 月龄

犊牛出生 7d 后转入犊牛舍，与母牛昼夜合群饲养。10 日龄训练采食精补料，15 日龄训练采食优质青干草。随时观察牛只精神状态、食欲及粪便是否正常。勤打扫、勤换垫草、勤观察、勤消毒。做到保温防寒、卫生消毒。

7.1.3 2~6 月龄（断奶）

白天犊牛与母牛分开，单独饲喂，夜间合群。精补料和青干草自由采食，饮温水（25~35℃）。4 月龄以后，全舍饲饲喂，精补料按体重 1%提供，粗饲料以青干草、秸秆和苜蓿为主，混合饲喂。保证充足饮水。

7.2 育成母牛饲养管理（7~12 月龄）

舍饲：育成母牛日增重 0. 8kg 左右。饲草以优质的青干草及青饲料为主，精补料日用量按体重的 1%~1. 2%。

放牧+补饲：在草场资源丰富的地区，采取白天放牧夜晚归牧、补喂精补料的方式饲养，精补料日喂量 1. 0~2. 0kg。

7.3 青年母牛饲养管理（13~18 月龄）

达到体成熟的青年母牛采取放牧方式饲养，并对其进行催情补饲，注意观察发情，及时配种。

7.4 育肥牛饲养管理

犊牛断奶后直接进入育肥阶段。

放牧+补饲：每天放牧后，按体重 1. 2%~1. 5%补饲精饲料。

全舍饲育肥：采用TMR方法饲喂，科学配比，干物质采食量按体重2.0%~3.0%。精粗比从（30~40）：（70~60）过度为（60~70）：（40~30）。

7.5 成年母牛饲养管理

7.5.1 哺乳母牛

分娩及产犊初期：母牛产犊后及时给予36~38℃的温水，并在水中加入麸皮1.0~1.5kg，食盐100~150g，250g红糖，调成稀粥状饲喂。胎衣完整排出后用0.1%的高锰酸钾对母牛阴部和臀部进行消毒。产后3d内，精补料最高喂量不宜超过2kg。14d内饲料应以适口性好、易消化吸收的优质青干草为主，保障充足饮水。

哺乳期：舍饲条件下，白天母牛在活动场，夜间进圈，与犊牛合群。逐渐增加青贮喂量，精补料每日饲喂2.0~2.5kg。放牧+补饲条件下，早晚各饲喂1次精补料，日喂量1.5~2kg。观察发情，及时配种。

7.5.2 妊娠母牛

多采取放牧饲养方式。舍饲条件下，以粗饲料为主，适当补充精补料。加强管理，合理调群，避免相互争斗、顶撞，避免造成流产。分娩前15d单独组群饲喂，加强营养。

8 人员健康检查

管理人员、兽医人员、饲养人员定期进行健康检查，建立人员健康档案卡片，持证上岗。

9 消毒

9.1 消毒应包括环境消毒、用具消毒、饮水消毒等。

9.2 制定严格消毒制度，定期检测消毒效果。

9.3 选用的消毒剂应符合NY/T 472的规定。

9.4 消毒剂使用应按照说明书操作，各种不同类型的消毒剂宜交替使用。

9.5 带牛消毒时应选用对皮肤、黏膜无腐蚀、无毒性的消毒剂。

9.6　所有牛舍在牛群转入前应彻底清洗、消毒完后，至少空置1个月。

10　疫病防控

10.1　疫病监测

10.1.1　依照《中华人民共和国动物防疫法》及其配套法规的要求，结合当地实际情况，制订疫病监测方案，由当地动物防疫监督机构实施。

10.1.2　肉牛饲养场常规监测的疾病至少应包括：口蹄疫、结核病、布鲁氏菌病、炭疽病。

10.1.3　不应检出的疫病：牛瘟、牛传染性胸膜肺炎、牛海绵状脑病、口蹄疫、结核病、布鲁氏菌病、狂犬病、钩端螺旋体。

10.2　免疫接种

10.2.1　根据当地疫病流行情况和牛群免疫抗体检测结果制定免疫接种计划，并严格实施。

10.2.2　超过免疫保护期或免疫效果不佳的牛只应及时补充免疫。

10.2.3　建立免疫档案，记录免疫的疫苗种类、厂家、有效期、产品批号、接种日期、接种量等信息，应存档备查。

10.2.4　疫苗保管应符合疫苗保存条件。

10.3　重大疫病应急措施

制定重大疫病应急预案，如发现重大疫病倾向，迅速封锁疫区，对感染牛只及疑似感染牛只立即进行隔离。并尽快向当地政府报告疫情。

10.4　粪便、废弃物及病死牛尸体无害化处理

粪便处理执行NY/T 1168废弃物做无害化处理。病死牛尸体处理符合《病死及病害动物无害化处理技术规范》（农医发〔2017〕25号）的要求。肉牛饲养场内不准屠宰和解剖牛只。

11 转运

11.1 运输肉牛应具有产地检疫证明，产地检疫执行 GB 16549。

11.2 运输肉牛应带有肉牛身份标识物，该身份标识物应符合《畜禽标识和养殖档案管理办法》。

11.3 不同来源的牛不能混群运输。

11.4 运输前后，运输工具和设备应进行安全检查和清洗消毒。

11.5 避免恶劣天气、野蛮装卸、急刹车、暴力虐待等运输过程中对牛造成的损伤和应激。

12 废弃物处理与利用

12.1 必须设置废弃物的固定储存设施和场所，要防止粪液渗漏、溢流；禁止直接将废弃物倾倒入地表水体或其他环境中；对废弃物定期清理。

12.2 养殖废弃物处理应遵循减量化、无害化、资源化的原则，符合 GB 18596 的规定。按照《畜禽规模养殖污染防治条例》的要求采用粪肥还田、制取沼气、制作有机肥等方法处理，对固体废弃物进行综合利用。粪便经无害化处理后应达到的相关规定要求。

12.3 过期及废弃的疫苗等生物制品及其包装不得随意丢弃，应按照要求进行无害化处理。

12.4 对非正常死亡的牛只应由专门的兽医进行死亡原因鉴定和处理。

13 档案记录与追溯体系

13.1 档案记录

建立绿色食品肉牛养殖档案，包括：生产记录、繁殖记录、投入品出入库及使用记录、废弃物处理等。所有记录应保存 3 年以上。

13.2　建立追溯系统

建立肉牛个体追溯电子档案，实现质量安全可追溯。

附录 A
(资料性附录)

表 A.1　北方放牧区　绿色食品肉牛养殖允许使用的部分兽药目录

类别	药名	剂型	途径	剂量	停药期
抗寄生虫药	伊维菌素	注射液	皮下注射	0.2mg/kg 体重	35d
	碘醚柳胺	粉剂	口服	7~12mg/kg 体重	60d
	氯氰碘柳胺	注射液	皮下注射或肌内注射	2.5~5mg/kg 体重	28d
抗菌药	普鲁卡因青霉素	注射液	肌内注射	1 万~2 万单位/kg 体重	10d
	替米考星	注射液	皮下注射	10mg/kg 体重	35d
	庆大霉素	注射液	肌内注射	2~4mg/kg 体重	40d
	氟苯尼考	注射液	肌内注射	20~30mg/kg 体重	14d
	环丙沙星	粉剂	口服	0.02%~0.04%	0d
		注射液	肌内注射	10~15mg/kg 体重	0d
	林可霉素	粉剂	饮水	0.02%~0.03%	5d
		注射液	肌内注射	20~50mg/kg 体重	5d

附录 B
(资料性附录)
北方放牧区　绿色食品肉牛养殖免疫流程

1. 口蹄疫疫苗一年二次，春秋各一次。

2. 布病疫苗秋天打一次，春天补免。

3. 病毒性腹泻疫苗母牛配种前打一次，妊娠后 5 个月再打一次。

附录 C
（资料性附录）

表 C.1　北方放牧区　绿色食品肉牛精饲料组成参考配方

单位：kg

阶段＼原料	玉米	麸皮	豆粕	菜粕	棉粕	预混料
犊牛期	55	15	16	5	5	4
育成期	60	15	11	5	5	4
育肥期	65	10	6	9	6	4
空怀母牛	58	19	10	4	4	5
妊娠母牛	60	14	11	5	5	5
哺乳母牛	62	10	13	5	5	5

表 C.2　北方放牧区　绿色食品肉牛全价日粮组成参考配方

单位：kg

平均日总采食量	精饲料	青贮饲料	干草
4	1	0.0	3
6	1.5	1.5	3
10	2	5	3
14	3	7	4
15	4	7	4
20	5	11	4

备注：青贮饲料主要包括玉米全株青贮，高丹草、甜高粱等专用青贮牧草。干草主要包括农作物优质秸秆和专用牧草。

附录二

中华人民共和国畜牧法

第一章　总　则

第一条　为了规范畜牧业生产经营行为，保障畜禽产品质量安全，保护和合理利用畜禽遗传资源，维护畜牧业生产经营者的合法权益，促进畜牧业持续健康发展，制定本法。

第二条　在中华人民共和国境内从事畜禽的遗传资源保护利用、繁育、饲养、经营、运输等活动，适用本法。

本法所称畜禽，是指列入依照本法第十一条规定公布的畜禽遗传资源目录的畜禽。

蜂、蚕的资源保护利用和生产经营，适用本法有关规定。

第三条　国家支持畜牧业发展，发挥畜牧业在发展农业、农村经济和增加农民收入中的作用。县级以上人民政府应当采取措施，加强畜牧业基础设施建设，鼓励和扶持发展规模化养殖，推进畜牧产业化经营，提高畜牧业综合生产能力，发展优质、高效、生态、安全的畜牧业。

国家帮助和扶持少数民族地区、贫困地区畜牧业的发展，保护和合理利用草原，改善畜牧业生产条件。

第四条　国家采取措施，培养畜牧兽医专业人才，发展畜牧兽医科学技术研究和推广事业，开展畜牧兽医科学技术知识的教育宣传工作和畜牧兽医信息服务，推进畜牧业科技进步。

第五条　畜牧业生产经营者可以依法自愿成立行业协会，为成员提供信息、技术、营销、培训等服务，加强行业自律，维护成员和行业利益。

第六条　畜牧业生产经营者应当依法履行动物防疫和环境保护义务，接受有关主管部门依法实施的监督检查。

第七条　国务院畜牧兽医行政主管部门负责全国畜牧业的监督管理工作。县级以上地方人民政府畜牧兽医行政主管部门负责本行政区域内的畜牧业监督管理工作。

县级以上人民政府有关主管部门在各自的职责范围内，负责有关促进畜牧业发展的工作。

第八条 国务院畜牧兽医行政主管部门应当指导畜牧业生产经营者改善畜禽繁育、饲养、运输的条件和环境。

第二章 畜禽遗传资源保护

第九条 国家建立畜禽遗传资源保护制度。各级人民政府应当采取措施，加强畜禽遗传资源保护，畜禽遗传资源保护经费列入财政预算。

畜禽遗传资源保护以国家为主，鼓励和支持有关单位、个人依法发展畜禽遗传资源保护事业。

第十条 国务院畜牧兽医行政主管部门设立由专业人员组成的国家畜禽遗传资源委员会，负责畜禽遗传资源的鉴定、评估和畜禽新品种、配套系的审定，承担畜禽遗传资源保护和利用规划论证及有关畜禽遗传资源保护的咨询工作。

第十一条 国务院畜牧兽医行政主管部门负责组织畜禽遗传资源的调查工作，发布国家畜禽遗传资源状况报告，公布经国务院批准的畜禽遗传资源目录。

第十二条 国务院畜牧兽医行政主管部门根据畜禽遗传资源分布状况，制定全国畜禽遗传资源保护和利用规划，制定并公布国家级畜禽遗传资源保护名录，对原产我国的珍贵、稀有、濒危的畜禽遗传资源实行重点保护。

省级人民政府畜牧兽医行政主管部门根据全国畜禽遗传资源保护和利用规划及本行政区域内畜禽遗传资源状况，制定和公布省级畜禽遗传资源保护名录，并报国务院畜牧兽医行政主管部门备案。

第十三条 国务院畜牧兽医行政主管部门根据全国畜禽遗传资源保护和利用规划及国家级畜禽遗传资源保护名录，省级人民政府畜牧兽医行政主管部门根据省级畜禽遗传资源保护名录，分别建立或者确定畜禽遗传资源保种场、保护区和基因库，承担畜禽遗传资源保护任务。

享受中央和省级财政资金支持的畜禽遗传资源保种场、保护区和基因库，未经国务院畜牧兽医行政主管部门或者省级人民政府畜牧兽医行政主管部门批准，不得擅自处理受保护的畜禽遗传资源。

畜禽遗传资源基因库应当按照国务院畜牧兽医行政主管部门或者省级人民政府畜牧兽医行政主管部门的规定，定期采集和更新畜禽遗传材料。有关单位、个人应当配合畜禽遗传资源基因库采集畜禽遗传材料，并有权获得适当的经济补偿。

畜禽遗传资源保种场、保护区和基因库的管理办法由国务院畜牧兽医行政主管部门制定。

第十四条　新发现的畜禽遗传资源在国家畜禽遗传资源委员会鉴定前，省级人民政府畜牧兽医行政主管部门应当制定保护方案，采取临时保护措施，并报国务院畜牧兽医行政主管部门备案。

第十五条　从境外引进畜禽遗传资源的，应当向省级人民政府畜牧兽医行政主管部门提出申请；受理申请的畜牧兽医行政主管部门经审核，报国务院畜牧兽医行政主管部门经评估论证后批准。经批准的，依照《中华人民共和国进出境动植物检疫法》的规定办理相关手续并实施检疫。

从境外引进的畜禽遗传资源被发现对境内畜禽遗传资源、生态环境有危害或者可能产生危害的，国务院畜牧兽医行政主管部门应当商有关主管部门，采取相应的安全控制措施。

第十六条　向境外输出或者在境内与境外机构、个人合作研究利用列入保护名录的畜禽遗传资源的，应当向省级人民政府畜牧兽医行政主管部门提出申请，同时提出国家共享惠益的方案；受理申请的畜牧兽医行政主管部门经审核，报国务院畜牧兽医行政主管部门批准。

向境外输出畜禽遗传资源的，还应当依照《中华人民共和国进出境动植物检疫法》的规定办理相关手续并实施检疫。

新发现的畜禽遗传资源在国家畜禽遗传资源委员会鉴定前，不得向境外输出，不得与境外机构、个人合作研究利用。

第十七条 畜禽遗传资源的进出境和对外合作研究利用的审批办法由国务院规定。

第三章 种畜禽品种选育与生产经营

第十八条 国家扶持畜禽品种的选育和优良品种的推广使用，支持企业、院校、科研机构和技术推广单位开展联合育种，建立畜禽良种繁育体系。

第十九条 培育的畜禽新品种、配套系和新发现的畜禽遗传资源在推广前，应当通过国家畜禽遗传资源委员会审定或者鉴定，并由国务院畜牧兽医行政主管部门公告。畜禽新品种、配套系的审定办法和畜禽遗传资源的鉴定办法，由国务院畜牧兽医行政主管部门制定。审定或者鉴定所需的试验、检测等费用由申请者承担，收费办法由国务院财政、价格部门会同国务院畜牧兽医行政主管部门制定。

培育新的畜禽品种、配套系进行中间试验，应当经试验所在地省级人民政府畜牧兽医行政主管部门批准。

畜禽新品种、配套系培育者的合法权益受法律保护。

第二十条 转基因畜禽品种的培育、试验、审定和推广，应当符合国家有关农业转基因生物管理的规定。

第二十一条 省级以上畜牧兽医技术推广机构可以组织开展种畜优良个体登记，向社会推荐优良种畜。优良种畜登记规则由国务院畜牧兽医行政主管部门制定。

第二十二条 从事种畜禽生产经营或者生产商品代仔畜、雏禽的单位、个人，应当取得种畜禽生产经营许可证。

申请取得种畜禽生产经营许可证，应当具备下列条件：

（一）生产经营的种畜禽必须是通过国家畜禽遗传资源委员会审定或者鉴定的品种、配套系，或者是经批准引进的境外品种、配套系；

（二）有与生产经营规模相适应的畜牧兽医技术人员；

（三）有与生产经营规模相适应的繁育设施设备；

（四）具备法律、行政法规和国务院畜牧兽医行政主管部门规定的种畜禽防疫条件；

（五）有完善的质量管理和育种记录制度；

（六）具备法律、行政法规规定的其他条件。

第二十三条　申请取得生产家畜卵子、冷冻精液、胚胎等遗传材料的生产经营许可证，除应当符合本法第二十二条第二款规定的条件外，还应当具备下列条件：

（一）符合国务院畜牧兽医行政主管部门规定的实验室、保存和运输条件；

（二）符合国务院畜牧兽医行政主管部门规定的种畜数量和质量要求；

（三）体外授精取得的胚胎、使用的卵子来源明确，供体畜符合国家规定的种畜健康标准和质量要求；

（四）符合国务院畜牧兽医行政主管部门规定的其他技术要求。

第二十四条　申请取得生产家畜卵子、冷冻精液、胚胎等遗传材料的生产经营许可证，应当向省级人民政府畜牧兽医行政主管部门提出申请。受理申请的畜牧兽医行政主管部门应当自收到申请之日起六十个工作日内依法决定是否发给生产经营许可证。

其他种畜禽的生产经营许可证由县级以上地方人民政府畜牧兽医行政主管部门审核发放，具体审核发放办法由省级人民政府规定。

种畜禽生产经营许可证样式由国务院畜牧兽医行政主管部门制定，许可证有效期为三年。发放种畜禽生产经营许可证可以收取工本费，具体收费管理办法由国务院财政、价格部门制定。

第二十五条　种畜禽生产经营许可证应当注明生产经营者名称、场（厂）址、生产经营范围及许可证有效期的起止日期等。

禁止任何单位、个人无种畜禽生产经营许可证或者违反种畜禽生产经营许可证的规定生产经营种畜禽。禁止伪造、变造、转让、租借种畜禽生产经营许可证。

第二十六条 农户饲养的种畜禽用于自繁自养和有少量剩余仔畜、雏禽出售的，农户饲养种公畜进行互助配种的，不需要办理种畜禽生产经营许可证。

第二十七条 专门从事家畜人工授精、胚胎移植等繁殖工作的人员，应当取得相应的国家职业资格证书。

第二十八条 发布种畜禽广告的，广告主应当提供种畜禽生产经营许可证和营业执照。广告内容应当符合有关法律、行政法规的规定，并注明种畜禽品种、配套系的审定或者鉴定名称；对主要性状的描述应当符合该品种、配套系的标准。

第二十九条 销售的种畜禽和家畜配种站（点）使用的种公畜，必须符合种用标准。销售种畜禽时，应当附具种畜禽场出具的种畜禽合格证明、动物防疫监督机构出具的检疫合格证明，销售的种畜还应当附具种畜禽场出具的家畜系谱。

生产家畜卵子、冷冻精液、胚胎等遗传材料，应当有完整的采集、销售、移植等记录，记录应当保存二年。

第三十条 销售种畜禽，不得有下列行为：

（一）以其他畜禽品种、配套系冒充所销售的种畜禽品种、配套系；

（二）以低代别种畜禽冒充高代别种畜禽；

（三）以不符合种用标准的畜禽冒充种畜禽；

（四）销售未经批准进口的种畜禽；

（五）销售未附具本法第二十九条规定的种畜禽合格证明、检疫合格证明的种畜禽或者未附具家畜系谱的种畜；

（六）销售未经审定或者鉴定的种畜禽品种、配套系。

第三十一条 申请进口种畜禽的，应当持有种畜禽生产经营许可证。进口种畜禽的批准文件有效期为六个月。

进口的种畜禽应当符合国务院畜牧兽医行政主管部门规定的技

术要求。首次进口的种畜禽还应当由国家畜禽遗传资源委员会进行种用性能的评估。

种畜禽的进出口管理除适用前两款的规定外，还适用本法第十五条和第十六条的相关规定。

国家鼓励畜禽养殖者对进口的畜禽进行新品种、配套系的选育；选育的新品种、配套系在推广前，应当经国家畜禽遗传资源委员会审定。

第三十二条　种畜禽场和孵化场（厂）销售商品代仔畜、雏禽的，应当向购买者提供其销售的商品代仔畜、雏禽的主要生产性能指标、免疫情况、饲养技术要求和有关咨询服务，并附具动物防疫监督机构出具的检疫合格证明。

销售种畜禽和商品代仔畜、雏禽，因质量问题给畜禽养殖者造成损失的，应当依法赔偿损失。

第三十三条　县级以上人民政府畜牧兽医行政主管部门负责种畜禽质量安全的监督管理工作。种畜禽质量安全的监督检验应当委托具有法定资质的种畜禽质量检验机构进行；所需检验费用按照国务院规定列支，不得向被检验人收取。

第三十四条　蚕种的资源保护、新品种选育、生产经营和推广适用本法有关规定，具体管理办法由国务院农业行政主管部门制定。

第四章　畜禽养殖

第三十五条　县级以上人民政府畜牧兽医行政主管部门应当根据畜牧业发展规划和市场需求，引导和支持畜牧业结构调整，发展优势畜禽生产，提高畜禽产品市场竞争力。

国家支持草原牧区开展草原围栏、草原水利、草原改良、饲草饲料基地等草原基本建设，优化畜群结构，改良牲畜品种，转变生产方式，发展舍饲圈养、划区轮牧，逐步实现畜草平衡，改善草原生态环境。

第三十六条 国务院和省级人民政府应当在其财政预算内安排支持畜牧业发展的良种补贴、贴息补助等资金，并鼓励有关金融机构通过提供贷款、保险服务等形式，支持畜禽养殖者购买优良畜禽、繁育良种、改善生产设施、扩大养殖规模，提高养殖效益。

第三十七条 国家支持农村集体经济组织、农民和畜牧业合作经济组织建立畜禽养殖场、养殖小区，发展规模化、标准化养殖。乡（镇）土地利用总体规划应当根据本地实际情况安排畜禽养殖用地。农村集体经济组织、农民、畜牧业合作经济组织按照乡（镇）土地利用总体规划建立的畜禽养殖场、养殖小区用地按农业用地管理。畜禽养殖场、养殖小区用地使用权期限届满，需要恢复为原用途的，由畜禽养殖场、养殖小区土地使用权人负责恢复。在畜禽养殖场、养殖小区用地范围内需要兴建永久性建（构）筑物，涉及农用地转用的，依照《中华人民共和国土地管理法》的规定办理。

第三十八条 国家设立的畜牧兽医技术推广机构，应当向农民提供畜禽养殖技术培训、良种推广、疫病防治等服务。县级以上人民政府应当保障国家设立的畜牧兽医技术推广机构从事公益性技术服务的工作经费。

国家鼓励畜禽产品加工企业和其他相关生产经营者为畜禽养殖者提供所需的服务。

第三十九条 畜禽养殖场、养殖小区应当具备下列条件：

（一）有与其饲养规模相适应的生产场所和配套的生产设施；

（二）有为其服务的畜牧兽医技术人员；

（三）具备法律、行政法规和国务院畜牧兽医行政主管部门规定的防疫条件；

（四）有对畜禽粪便、废水和其他固体废弃物进行综合利用的沼气池等设施或者其他无害化处理设施；

（五）具备法律、行政法规规定的其他条件。

养殖场、养殖小区兴办者应当将养殖场、养殖小区的名称、养殖地址、畜禽品种和养殖规模，向养殖场、养殖小区所在地县级人民政府畜牧兽医行政主管部门备案，取得畜禽标识代码。

省级人民政府根据本行政区域畜牧业发展状况制定畜禽养殖场、养殖小区的规模标准和备案程序。

第四十条　禁止在下列区域内建设畜禽养殖场、养殖小区：

（一）生活饮用水的水源保护区，风景名胜区，以及自然保护区的核心区和缓冲区；

（二）城镇居民区、文化教育科学研究区等人口集中区域；

（三）法律、法规规定的其他禁养区域。

第四十一条　畜禽养殖场应当建立养殖档案，载明以下内容：

（一）畜禽的品种、数量、繁殖记录、标识情况、来源和进出场日期；

（二）饲料、饲料添加剂、兽药等投入品的来源、名称、使用对象、时间和用量；

（三）检疫、免疫、消毒情况；

（四）畜禽发病、死亡和无害化处理情况；

（五）国务院畜牧兽医行政主管部门规定的其他内容。

第四十二条　畜禽养殖场应当为其饲养的畜禽提供适当的繁殖条件和生存、生长环境。

第四十三条　从事畜禽养殖，不得有下列行为：

（一）违反法律、行政法规的规定和国家技术规范的强制性要求使用饲料、饲料添加剂、兽药；

（二）使用未经高温处理的餐馆、食堂的泔水饲喂家畜；

（三）在垃圾场或者使用垃圾场中的物质饲养畜禽；

（四）法律、行政法规和国务院畜牧兽医行政主管部门规定的危害人和畜禽健康的其他行为。

第四十四条　从事畜禽养殖，应当依照《中华人民共和国动物防疫法》的规定，做好畜禽疫病的防治工作。

第四十五条　畜禽养殖者应当按照国家关于畜禽标识管理的规

定，在应当加施标识的畜禽的指定部位加施标识。畜牧兽医行政主管部门提供标识不得收费，所需费用列入省级人民政府财政预算。

畜禽标识不得重复使用。

第四十六条 畜禽养殖场、养殖小区应当保证畜禽粪便、废水及其他固体废弃物综合利用或者无害化处理设施的正常运转，保证污染物达标排放，防止污染环境。

畜禽养殖场、养殖小区违法排放畜禽粪便、废水及其他固体废弃物，造成环境污染危害的，应当排除危害，依法赔偿损失。

国家支持畜禽养殖场、养殖小区建设畜禽粪便、废水及其他固体废弃物的综合利用设施。

第四十七条 国家鼓励发展养蜂业，维护养蜂生产者的合法权益。

有关部门应当积极宣传和推广蜜蜂授粉农艺措施。

第四十八条 养蜂生产者在生产过程中，不得使用危害蜂产品质量安全的药品和容器，确保蜂产品质量。养蜂器具应当符合国家技术规范的强制性要求。

第四十九条 养蜂生产者在转地放蜂时，当地公安、交通运输、畜牧兽医等有关部门应当为其提供必要的便利。

养蜂生产者在国内转地放蜂，凭国务院畜牧兽医行政主管部门统一格式印制的检疫合格证明运输蜂群，在检疫合格证明有效期内不得重复检疫。

第五章 畜禽交易与运输

第五十条 县级以上人民政府应当促进开放统一、竞争有序的畜禽交易市场建设。

县级以上人民政府畜牧兽医行政主管部门和其他有关主管部门应当组织搜集、整理、发布畜禽产销信息，为生产者提供信息服务。

第五十一条 县级以上地方人民政府根据农产品批发市场发展

规划，对在畜禽集散地建立畜禽批发市场给予扶持。

畜禽批发市场选址，应当符合法律、行政法规和国务院畜牧兽医行政主管部门规定的动物防疫条件，并距离种畜禽场和大型畜禽养殖场三公里以外。

第五十二条　进行交易的畜禽必须符合国家技术规范的强制性要求。

国务院畜牧兽医行政主管部门规定应当加施标识而没有标识的畜禽，不得销售和收购。

第五十三条　运输畜禽，必须符合法律、行政法规和国务院畜牧兽医行政主管部门规定的动物防疫条件，采取措施保护畜禽安全，并为运输的畜禽提供必要的空间和饲喂饮水条件。

有关部门对运输中的畜禽进行检查，应当有法律、行政法规的依据。

第六章　质量安全保障

第五十四条　县级以上人民政府应当组织畜牧兽医行政主管部门和其他有关主管部门，依照本法和有关法律、行政法规的规定，加强对畜禽饲养环境、种畜禽质量、饲料和兽药等投入品的使用以及畜禽交易与运输的监督管理。

第五十五条　国务院畜牧兽医行政主管部门应当制定畜禽标识和养殖档案管理办法，采取措施落实畜禽产品质量责任追究制度。

第五十六条　县级以上人民政府畜牧兽医行政主管部门应当制定畜禽质量安全监督检查计划，按计划开展监督抽查工作。

第五十七条　省级以上人民政府畜牧兽医行政主管部门应当组织制定畜禽生产规范，指导畜禽的安全生产。

第七章　法律责任

第五十八条　违反本法第十三条第二款规定，擅自处理受保护的畜禽遗传资源，造成畜禽遗传资源损失的，由省级以上人民政府畜牧兽医行政主管部门处五万元以上五十万元以下罚款。

第五十九条 违反本法有关规定，有下列行为之一的，由省级以上人民政府畜牧兽医行政主管部门责令停止违法行为，没收畜禽遗传资源和违法所得，并处一万元以上五万元以下罚款：

（一）未经审核批准，从境外引进畜禽遗传资源的；

（二）未经审核批准，在境内与境外机构、个人合作研究利用列入保护名录的畜禽遗传资源的；

（三）在境内与境外机构、个人合作研究利用未经国家畜禽遗传资源委员会鉴定的新发现的畜禽遗传资源的。

第六十条 未经国务院畜牧兽医行政主管部门批准，向境外输出畜禽遗传资源的，依照《中华人民共和国海关法》的有关规定追究法律责任。海关应当将扣留的畜禽遗传资源移送省级人民政府畜牧兽医行政主管部门处理。

第六十一条 违反本法有关规定，销售、推广未经审定或者鉴定的畜禽品种的，由县级以上人民政府畜牧兽医行政主管部门责令停止违法行为，没收畜禽和违法所得；违法所得在五万元以上的，并处违法所得一倍以上三倍以下罚款；没有违法所得或者违法所得不足五万元的，并处五千元以上五万元以下罚款。

第六十二条 违反本法有关规定，无种畜禽生产经营许可证或者违反种畜禽生产经营许可证的规定生产经营种畜禽的，转让、租借种畜禽生产经营许可证的，由县级以上人民政府畜牧兽医行政主管部门责令停止违法行为，没收违法所得；违法所得在三万元以上的，并处违法所得一倍以上三倍以下罚款；没有违法所得或者违法所得不足三万元的，并处三千元以上三万元以下罚款。违反种畜禽生产经营许可证的规定生产经营种畜禽或者转让、租借种畜禽生产经营许可证，情节严重的，并处吊销种畜禽生产经营许可证。

第六十三条 违反本法第二十八条规定的，依照《中华人民共和国广告法》的有关规定追究法律责任。

第六十四条 违反本法有关规定，使用的种畜禽不符合种用标准的，由县级以上地方人民政府畜牧兽医行政主管部门责令停止违法行为，没收违法所得；违法所得在五千元以上的，并处违法所得一倍以上二倍以下罚款；没有违法所得或者违法所得不足五千元的，并处一千元以上五千元以下罚款。

第六十五条　销售种畜禽有本法第三十条第一项至第四项违法行为之一的，由县级以上人民政府畜牧兽医行政主管部门或者工商行政管理部门责令停止销售，没收违法销售的畜禽和违法所得；违法所得在五万元以上的，并处违法所得一倍以上五倍以下罚款；没有违法所得或者违法所得不足五万元的，并处五千元以上五万元以下罚款；情节严重的，并处吊销种畜禽生产经营许可证或者营业执照。

第六十六条　违反本法第四十一条规定，畜禽养殖场未建立养殖档案的，或者未按照规定保存养殖档案的，由县级以上人民政府畜牧兽医行政主管部门责令限期改正，可以处一万元以下罚款。

第六十七条　违反本法第四十三条规定养殖畜禽的，依照有关法律、行政法规的规定处罚。

第六十八条　违反本法有关规定，销售的种畜禽未附具种畜禽合格证明、检疫合格证明、家畜系谱的，销售、收购国务院畜牧兽医行政主管部门规定应当加施标识而没有标识的畜禽的，或者重复使用畜禽标识的，由县级以上地方人民政府畜牧兽医行政主管部门或者工商行政管理部门责令改正，可以处二千元以下罚款。

违反本法有关规定，使用伪造、变造的畜禽标识的，由县级以上人民政府畜牧兽医行政主管部门没收伪造、变造的畜禽标识和违法所得，并处三千元以上三万元以下罚款。

第六十九条　销售不符合国家技术规范的强制性要求的畜禽的，由县级以上地方人民政府畜牧兽医行政主管部门或者工商行政管理部门责令停止违法行为，没收违法销售的畜禽和违法所得，并处违法所得一倍以上三倍以下罚款；情节严重的，由工商行政管理部门并处吊销营业执照。

第七十条 畜牧兽医行政主管部门的工作人员利用职务上的便利，收受他人财物或者谋取其他利益，对不符合法定条件的单位、个人核发许可证或者有关批准文件，不履行监督职责，或者发现违法行为不予查处的，依法给予行政处分。

第七十一条 违反本法规定，构成犯罪的，依法追究刑事责任。

第八章 附 则

第七十二条 本法所称畜禽遗传资源，是指畜禽及其卵子(蛋)、胚胎、精液、基因物质等遗传材料。

本法所称种畜禽，是指经过选育、具有种用价值、适于繁殖后代的畜禽及其卵子（蛋)、胚胎、精液等。

第七十三条 本法自2006年7月1日起施行。

附录三

畜禽养殖场档案

附件1：

畜禽养殖场、养殖小区备案表

畜禽标识代码：

<table>
<tr><td>名称</td><td></td><td>养殖品种</td><td></td></tr>
<tr><td>规模</td><td colspan="3"></td></tr>
<tr><td>地址</td><td colspan="3"></td></tr>
<tr><td colspan="2">畜禽养殖场（小区）、户负责人</td><td colspan="2"></td></tr>
<tr><td>邮政编码</td><td></td><td>联系电话</td><td></td></tr>
<tr><td colspan="4">畜禽养殖场（小区）、户有关情况简介</td></tr>
<tr><td colspan="4">一、生产场所和配套生产设施（主要生产工艺）：

二、畜牧兽医技术人员数量和水平（专业技能）：

三、《动物防疫合格证》编号：

四、环保设施：

现场验收意见：
验收组长签字：　　　　县（区、市）畜牧局（盖章）
年　　月　　日</td></tr>
</table>

附件 2：

畜禽养殖场养殖档案

单位名称：______________________________

畜禽标识代码：__________________________

动物防疫合格证编号：____________________

畜禽种类：______________________________

中华人民共和国农业部监制

（一）畜禽养殖场（小区）、户平面图［由畜禽养殖场（小区）、户自行绘制］

（二）畜禽养殖场（小区）、户免疫程序［由畜禽养殖场（小区）、户填写］

________场免疫程序

日龄	疫苗名称	剂量	免疫方式	备注

（三）生产记录（按日或变动记录）

圈舍号	时间	变动情况（数量）				存栏数	备注
		出生	调入	调出	死淘		

注：1. 圈舍号：填写畜禽饲养的圈、舍、栏的编号或名称。不分圈、舍、栏的此栏不填。2. 时间：填写出生、调入、调出和死淘的时间。3. 变动情况（数量）：填写出生、调入、调出和死淘的数量。调入的需要在备注栏注明动物检疫合格证明编号，并将检疫证明原件粘贴在记录背面。调出的需要在备注栏注明详细的去向。死淘的需要在备注栏注明死亡和淘汰的原因。4. 存栏数：填写存栏总数，为上次存栏数和变动数量之和。

（四）饲料、饲料添加剂

开始使用时间	投入产品	生产厂家	批号/加工	用量	停止使用时间	备注

注：1. 外购的饲料应在备注栏注明原料组成。2. 自加工的饲料在生产厂家栏填写自加工，并在备注栏写明使用的药物饲料添加剂的详细成分。

（五）兽药使用记录

开始使用时间	投入产品商品名称	通用名称	剂型	规格	有效期	生产厂家	购货单位	批号/加工日期	用量	停止使用时间	备注

（六）消毒记录

日　期	消毒场所	消毒药名称	用药剂量	消毒方法	操作员签字

注：1. 时间：填写实施消毒的时间。2. 消毒场所：填写圈舍、人员出入通道和附属设施等场所。3. 消毒药名称：填写消毒药的化学名称。4. 用药剂量：填写消毒药的使用量和使用浓度。5. 消毒方法：填写熏蒸、喷洒、浸泡、焚烧等。

（七）免疫记录

时间	圈舍号	存栏数量	免疫数量	疫苗名称	疫苗生产厂	批号（有效期）	免疫方法	免疫剂量	免疫人员	备注

注：1. 时间：填写实施免疫的时间。2. 圈舍号：填写动物饲养的圈、舍、栏的编号或名称。不分圈、舍、栏的此栏不填。3. 批号：填写疫苗的批号。4. 数量：填写同批次免疫畜禽的数量，单位为头、只。5. 免疫方法：填写免疫的具体方法，如喷雾、饮水、滴鼻点眼、注射部位等方法。6. 备注：记录本次免疫中未免疫动物的耳标号。

（八）诊疗记录

时间	畜禽标识编码	圈舍号	日龄	发病数	病因	诊疗人员	用药名称	用药方法	诊疗结果

注：1. 畜禽标识编码：填写15位畜禽标识编码中的标识顺序号，按批次统一填写。猪、牛、羊以外的畜禽养殖场此栏不填。2. 圈舍号：填写动物饲养的圈、舍、栏的编号或名称。不分圈、舍、栏的此栏不填。3. 诊疗人员：填写做出诊断结果的单位，如某某动物疫病预防控制中心。执业兽医填写执业兽医的姓名。4. 用药名称：填写使用药物的名称。5. 用药方法：填写药物使用的具体方法，如口服、肌内注射、静脉注射等。

（九）防疫监测记录

采样日期	圈舍号	采样数量	监测项目	监测单位	监测结果	处理情况	备注

注：1. 圈舍号：填写动物饲养的圈、舍、栏的编号或名称。不分圈、舍、栏的此栏不填。2. 监测项目：填写具体的内容如布鲁氏杆菌病监测、口蹄疫免疫抗体监测。3. 监测单位：填写实施监测的单位名称，如：某某动物疫病预防控制中心。企业自行监测的填写自检。企业委托社会检测机构监测的填写受委托机构的名称。4. 监测结果：填写具体的监测结果，如阴性、阳性、抗体效价数等。5. 处理情况：填写针对监测结果对畜禽采取的处理方法。如针对结核病监测阳性牛的处理情况，可填写为对阳性牛全部予以扑杀。针对抗体效价低于正常保护水平，可填写为对畜禽进行重新免疫。

（十）病死畜禽无害化处理记录

日期	数量	处理或死亡原因	畜禽标识编码	处理方法	处理单位 （或责任人）	备注

注：1. 日期：填写病死畜禽无害化处理的日期。2. 数量：填写同批次处理的病死畜禽的数量，单位为头、只。3. 处理或死亡原因：填写实施无害化处理的原因，如染疫、正常死亡、死因不明等。4. 畜禽标识编码：填写15位畜禽标识编码中的标识顺序号，按批次统一填写。猪、牛、羊以外的畜禽养殖场此栏不填。5. 处理方法：填写《畜禽病害肉尸及其产品无害化处理规程》GB 16548规定的无害化处理方法。6. 处理单位：委托无害化处理场实施无害化处理的填写处理单位名称；由本厂自行实施无害化处理的由实施无害化处理的人员签字。

附件 3：

种畜个体养殖档案　　　　标识编码：

品种名称		个体编号	
性别		出生日期	
母号		父号	
种畜场名称			
地　址			
负责人		联系电话	
种畜禽生产经营许可证编号			
种畜调运记录			
调运日期	调出地（场）	调入地（场）	

种畜调出单位（公章）　　　　经办人

年　月　日

中华人民共和国农业部监制